年表

1933年	・はじめての近代的旅客機ボーイング247（アメリカ）が初飛行。
1936年	・日本初の国産旅客機、中島AT-2が初飛行。
	・ドイツで実用的なヘリコプター、フォッケウルフFw61が初飛行。
1937年	・アメリカのニュージャージー州で、飛行船ツェッペリンLZ129ヒンデンブルク号の炎上事故が起こる。飛行船による大陸間移動が中止された。
1939年	・ドイツで世界初のジェット機ハインケルHe178が初飛行。液体燃料ロケット機のHe176も初飛行。
	・第二次世界大戦が始まる（1945年まで）。本格的に航空機が軍事利用される。
	・堀越二郎が設計した、当時世界最高レベルの戦闘機、零式艦上戦闘機（ゼロ戦）が初飛行。
1942年	・世界初のジェット戦闘機、メッサーシュミットMe262（ドイツ）が初飛行。
1945年	・日本初のジェット機、橘花が初飛行。
1947年	・アメリカの軍人チャック・イェーガーが、ロケット機のベルX-1（→63）で音速突破。
1949年	・世界初のジェット旅客機コメット（イギリスのデ・ハビランド社）が初飛行（商用運航は1952年）。
1951年	・日本航空（JAL）が設立される。
1957年	・ソ連（今のロシア）で世界初の人工衛星スプートニク1号打ち上げ。
1958年	・全日本空輸（ANA）が設立される。
	・富士重工（旧・中島飛行機）による、国産初のジェット練習機T-1が初飛行。
1960年	・イギリスが開発した世界初の実用垂直離着陸機（VTOL）（→19）、ホーカー・シドレー「ハリアー」が初飛行。
1961年	・ソ連の宇宙船ボストーク1号打ち上げ。ユーリ・ガガーリンが初の有人宇宙飛行を行う。108分間の飛行中に地球を1周した。
1962年	・戦後はじめて日本が開発した旅客機YS-11（日本航空機製造）が初飛行。
1963年	・アメリカのテストパイロット、ジョセフ・ウォーカーが操縦するロケット機X-15が高度100kmに到達（一般的に高度100km以上は宇宙とみなされる）。次の年には記録を108kmに更新。
1967年	・アメリカで超音速実験機X-15が時速7274km（マッハ5.9）の速度記録を達成。
1968年	・ソ連で世界初の超音速旅客機、ツポレフTu-144が初飛行。速度はマッハ2（時速約2450km）だった。
1969年	・イギリスとフランスが共同開発した超音速旅客機コンコルドが初飛行。マッハ2で飛び、定期で国際運航された超音速旅客機は、この機種のみだ。
	・サターンV（5型）ロケットによって打ち上げられたアメリカの宇宙船、アポロ11号が月に着陸。
	・ボーイング747（アメリカ）が初飛行。500席をこえ、当時は最も客席数が多い旅客機となった。
1970年	・日本初の人工衛星「おおすみ」が打ち上げられる。
1971年	・ソ連の宇宙船マルス3号がはじめて火星に着陸。1976年にはアメリカのバイキング1号がはじめて表面の映像を地球に送った。
1975年	・アメリカのセスナ（→51）が世界ではじめて総生産機数10万機を達成。
1976年	・ロッキード社（アメリカ）の偵察機SR-71（→28）が、現在の実用機の速度最高記録である時速3529.56km（マッハ2.9）を達成。
1978年	・新東京国際空港（現・成田国際空港）が開港。
1981年	・アメリカの再使用可能な宇宙船、スペースシャトルがはじめて打ち上げられ、地球周回軌道に乗る。
1986年	・アメリカのバート・ルータンが設計した、プロペラとエンジンを前後にもつ小型機ボイジャーが、世界初の無着陸無給油世界一周飛行を達成。
1994年	・日本ではじめての純国産ロケットH-IIが打ち上げられる。
	・大阪府に24時間営業の関西国際空港が開港する。
1999年	・熱気球ブライトリングオービター3（イギリスで製作、パイロットはスイス人）が、気球としては初の無着陸世界一周飛行に成功。同時に、航空機の最長飛行記録である4万814kmを達成。
2001年	・ヨーロッパ（フランス、ドイツ、イギリス、スペイン）の航空機メーカー、エアバス社が誕生。
2003年	・本田技研工業が開発したビジネスジェット機、ホンダジェット（→52）が初飛行。
2004年	・アメリカの小型無人実験機X-43が、時速1万1858km（マッハ9.68）を記録。ジェットエンジン搭載機の世界記録を更新した。
2005年	・ヨーロッパでつくられた世界最大の民間旅客機エアバスA380（→10）が初飛行。最大離陸重量575トンで、客席は853席。
2009年	・アメリカの中型機ボーイング787（→8）が初飛行。軽い材料をたくさん使うことにより、燃費性能が大きく向上した。
2013年	・人工知能を用いた日本の小型衛星用ロケット、イプシロンがはじめて打ち上げられる。
2015年	・MRJ（三菱リージョナルジェット）が初飛行。YS-11以来、約50年ぶりとなる国産旅客機。

※このページの時速や音速（マッハ）は、記録として残っている数字で表示している。

ボーイング247。乗客は10名だった。

Me262。世界初の後退翼機でもある。

X-15。超高速で飛行するので主翼はとても小さい

コンコルド。音速を突破するときは必ず海上で、という決まりがあった。

スペースシャトル。宇宙から地球にもどるとき、速度は時速2万4500km（マッハ20）にもなる。

X-43。ほとんど主翼はなく、胴体の形だけで揚力を発生できる。

航空機の各部名称……………………4

飛行機が飛ぶしくみ
なぜ空を飛べるのか？……………………6
飛行機にはたらく力……………………8
空気の力で揚力は生まれる……………………10
揚力を生み出すしくみ……………………12
飛行機は風に向かって飛び立つ……………………14
ヘリコプターも揚力で飛ぶ……………………16
まっすぐ上に飛び立つ！……………………18

リリエンタールがスケッチした、コウノトリの翼のしくみ。

機体のしくみ
空気をあやつる主翼……………………20
水平尾翼のはたらき……………………22
垂直尾翼のはたらき……………………24
空気と戦う工夫……………………26
音の壁と戦う工夫……………………28
いろいろな形の翼……………………30
推力を生むジェットエンジン①……………………32
推力を生むジェットエンジン②……………………34
燃料はどこにある？……………………36

1950年に特許登録されたジェットエンジンの冷却システム。

キッズペディア
アドバンス
航空機のひみつ
目次

飛行機の飛ばし方
コックピット……………………38
離陸～いざ大空へ！……………………40
巡航～快適な空の旅……………………42
着陸～ふたたび地上へ……………………44
空港……………………46
飛行機は地上からの指示に従って飛ぶ……………………48

レオナルド・ダ・ビンチが考案した、はばたき式の飛行機械。

航空機のいろいろ
グライダー……………………50
軽飛行機……………………51
旅客機……………………52
貨物輸送機……………………54
軍用機……………………56
水上機……………………58
ドローン（マルチコプター）……………………59
飛行船……………………60
ロケット……………………62

レオナルド・ダ・ビンチが考案したヘリコプター。

航空史年表……………………前の見返し
航空機の進歩にかかわった人たち……………………後ろの見返し

本書のきまり

■飛行機のスピードの表示は、時速とマッハ数をともに表記しています。マッハ数は気温と気圧により変化します。この本では気温15℃、1気圧のときのマッハ数で計算しています。
■飛行機の性能は、おおよそのデータです。旅客機は使用する航空会社により性能が異なる場合があります。
■飛行機記事の内容に関する用語が別のページにある場合は、(→ページ数)として、そのページを示しています。

●エアバス A380

航空機

空中に浮く機械などのことをまとめて航空機とよびます。空気より軽いガス、あるいは揚力を使って空に浮きます。空気やガスを地面などにふき出して浮く、ホバークラフトやロケットは航空機にふくまれません。

軽航空機

空気よりも軽いガスなどを使って空に浮きます。

気球
空気よりも軽いガスや、熱した空気を使って空に浮きます。
- ガス気球
- 熱気球(→61)

飛行船
空気よりも軽いガスを使って空に浮き、エンジンを使って移動します。
- 硬式飛行船
- 半硬式飛行船(→60)
- 軟式飛行船(→60)

重航空機

空気より軽いガスなどを使いません。揚力を使って空中を航行します。

固定翼機
主翼で揚力を発生させて空に浮かびます。
- グライダー(→50)
- 飛行機(全般)

回転翼機
翼を回転させて揚力を発生させます。
- ヘリコプター(→16)
- オートジャイロ(下記)

転換式航空機
主翼と、回転翼の両方を使って揚力を発生させます。
- ティルトローター機(→19)

飛翔体

ガスを噴射して空中を移動する人工物のことを飛翔体とよびます。ロケットは飛翔体に含まれますが、本書では航空機のなかまとしていっしょにとりあげています。

- ロケット(→62)

●オートジャイロ

ほとんど使われなくなった航空機です。エンジンでプロペラを回転させて推力とします。回転翼(ローター)には動力がつながっていません。プロペラの力で前に進むことによりローターが回り、揚力を発生させます。最初のオートジャイロは1923年に登場しました。その後、回転翼の研究が進み、ヘリコプターの発明につながりました。

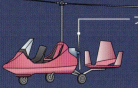

ローター
プロペラ

航空機の各部名称

航空機にはさまざまな種類があり、空を飛ぶための工夫が数多くもりこまれています。より速く、より安全に、より快適に空の旅ができるよう、進化し続けているのです。

軍用機（→56）
- 垂直尾翼
- 排気口
- 主翼（→20）
- 水平尾翼
- フラッペロン
- 前縁フラップ
- 主翼
- コックピット
- リフトファン（垂直離着陸装置）（→18）
- ターボファンエンジン（→32）

旅客機（→52）
- スポイラー
- 客室（→42）
- コックピット（操縦室）（→38）
- 前縁フラップ
- 車輪（着陸装置／ランディングギア）

飛行機が飛ぶしくみ

なぜ空を飛べるのか？

　飛行機は、どうして空を飛べるのでしょう？　たとえば大型旅客機は、人や荷物をたくさん乗せて、毎日ゆうゆうと世界中を飛び回っています。あんなに大きな金属のかたまりが飛んでいることを、ふしぎに思ったことはありませんか？
　じつはふしぎでもなんでもないのです。飛行機にはさまざまな力がはたらいていますが、なかでも「揚力」という力が旅客機の巨大な機体をふわりと空中に浮かせているのです。「揚力がはたらいているから、飛行機は空を飛ぶ」。それさえ知っておけば、なぜ飛行機には翼がついているのか、なぜジェットエンジンが必要なのか、その理由が明らかになっていきます。

● 離陸するボーイング777-300ER
　アメリカのボーイング社が開発した大型旅客機。「トリプルセブン」ともよばれ、三菱重工業、川崎重工業、富士重工業など日本の会社も共同で開発した。全長73.9m、最大離陸重量は約352トン、航続距離は1万3650kmで、巡航速度はマッハ0.84（時速約1029km）*。標準座席数は396席、貨物スペースは201.6m³ある。

＊音速（マッハ）は気温や気圧で変わるため、この本では「マッハ1＝時速1225km」で計算している（高度0m、気温15℃）。

揚力(ようりょく)

$$L = \frac{1}{2}\rho V^2 S C_L$$

揚力は計算できる

　ここに示した計算式は「揚力」を求めるためのものだ。揚力（L=Lift）は、空気の密度（ρ）、翼の面積（S）、飛行機の速度（V）、揚力係数（C_L）から求められることを表しているが、とてもむずかしくておとなでもなかなか理解できない。ただ知っておいてほしいのは、揚力というものは、きちんと計算できる力だということだ。将来、飛行機にかかわる仕事をしたいと思った人は、いつかはこの式を学んで、理解してほしい。

飛行機にはたらく力

飛行機が飛ぶしくみ

飛行機には4つの力がはたらいています。上向きの「揚力」、下向きの「重力」、前向きの「推力」、前に進むのをさまたげる「抗力」です。上向きの力が下向きの力より大きければ浮き上がり、前向きの力がさまたげる力より大きければ前に進みます。この4つの力を調整して、飛行機は空を飛ぶのです。

ちから

● ボーイング787-8
2011年から使われている中型旅客機で、「ドリームライナー」とよばれる。胴体や翼に軽くて強い炭素せんいの複合材料を使っており、それまでの同型機より燃費がよく、航続距離が長い。787-8は787型機の基本型で、全長56.7m、最大離陸重量227.9トン、最高速度はマッハ0.9(時速約1103km)で、航続距離は国際線で1万2020km、座席数は169席。

水平飛行中は「揚力=重力」と「推力>抗力」

飛行機が水平飛行しているときは、揚力と重力はつり合っていて、推力は抗力より強くはたらくため、飛行機は前へ飛び続ける。

Drag 抗力
とどまろうとする力
機体が空気にぶつかって受ける、進む方向と逆向きの力。空気抵抗ともよばれる。

Weight 重力
地球が引っぱる力
地球の中心に向かって機体を垂直に引きつける。地球上のどんなものにもはたらいている力。

地上の飛行機は「重力」が勝っている

空港などで止まっている飛行機に推力は発生していないため、抗力(空気抵抗)も発生していない。どちらもゼロでつり合っている状態だ。また止まっていれば揚力も発生しないため重力が上回って、飛行機は地上にとどまり続けている。

●強力な推力をもつ飛行機
超音速(→28)で飛ぶことができる戦闘機は、強力なジェットエンジンをもっている。そのためエンジンが生み出す推力だけで、ロケット(→62)のように真上に飛び続けることができる。このとき重力と戦っているのは、主翼が生み出す揚力ではなく、エンジンが生み出す推力だ。

Lift 揚力
空に浮こうとする力
機体をもち上げる力ともいえる。おもに飛行機のいちばん大きな翼、主翼によって生み出される。

Thrust 推力
前に進もうとする力
旅客機や戦闘機ではジェットエンジン、小型機ではプロペラのはたらきによって生み出される。

飛び立つときは「揚力」と「推力」が勝っている
　飛行機が離陸するには、まず滑走路で十分に加速する。このとき推力は抗力を上回っている。主翼にたくさんの風を受けると揚力が生まれ、その力が重力より大きくなると飛行機は浮き上がる。

ジェット機　　　プロペラ機

旅客機や戦闘機では、ジェットエンジン(→32)が勢いよくガスや圧縮空気をふき出すことで推力を得ている。プロペラ機(→34、51)の場合は、プロペラが生む前向きの揚力で推力を得ている。

飛行機が飛ぶしくみ

空気の力で揚力は生まれる

空気は目に見えず、ふだんは重さも感じませんが、地上のすべてのものが空気の力におされています。この空気がおす力を気圧（大気圧ともいう）といい、これを利用して飛行機を空中にもち上げる揚力を得ています。

主翼の上に雲ができる!

離着陸時などに、飛行機の主翼の上に雲が発生することがある。雲は気圧が低くなると発生するので、主翼の上では急激に気圧が低くなっていることがわかる。どうやら飛行機を空中にもち上げる揚力には、気圧が大きく関係しているようだ。飛行機のまわりにできる雲は、ベイパーともよばれる。

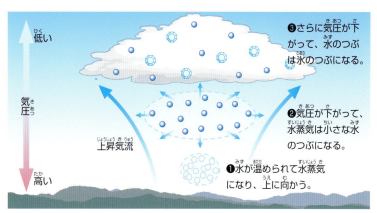

❸ さらに気圧が下がって、水のつぶは氷のつぶになる。
❷ 気圧が下がって、水蒸気は小さな水のつぶになる。
❶ 水が温められて水蒸気になり、上に向かう。
上昇気流
低い ← 気圧 → 高い

【気圧が下がると雲ができるわけ】

水は熱せられると目に見えない水蒸気となり、空気にまじる。その空気が冷やされると、水蒸気は水にもどる。気圧が下がると空気の温度が下がるので、空気中の水蒸気は細かい水のつぶに姿を変える。さらに冷やされて、細かい氷のつぶになったのが雲だ。

スプレー缶の中は、高い圧力に保たれている。空気中にふき出されたガスは、一気に圧力が下がる。すると温度も下がって冷たく感じるのだ。

おす
圧力が低い
圧力が高い
ガス（気体）
液体

スプレー缶の中には、ガス（気体）と、高い圧力でガスが液体になったものが入っていて、バランスをとっている。スプレーを使って中身が減ると、圧力も下がる。するとバランスをとろうとして、液体が気体になる。このとき、まわりから熱を奪う。これを「気化熱」といい、缶自体が冷たくなる。

気圧
きあつ

離陸する飛行機の、主翼の上に雲（ベイパー）ができている。

● エアバス A380-800

エアバス社（フランス、ドイツ、イギリス、スペインの協同会社）の超大型旅客機。ターボファンエンジン（→32）4基を備える。全長72.7m、全高は24.1mで垂直尾翼の先はビルの7階部分ほどもある。主翼も巨大で翼面積は845㎡。客席は世界初の総2階建てで544〜853席。航続距離1万5200km、最大離陸重量575トン、最高速度はマッハ0.89（時速約1090km）。

ベイパーはいつも見られる現象ではないが、雨上がりやくもりの日など湿度の高い日に見られることがある。海のそばなど湿度の高い地域でも見られやすい。

高速で飛んだり、急に向きを変えたりすることが多い戦闘機の主翼には、ベイパーができやすい。

飛行機のまわりの気圧

飛行機のまわりの気圧の変化を正面から見てみると、主翼の上側が低く、主翼の下側がやや高くなっている。翼に空気があたると、翼のまわりに空気の流れの循環（渦）が生まれ、上面の空気は速く、下面の空気はおそく流れる（→12）。そのため圧力差が生まれるのだ。

気圧が低い / 気圧が高い

気圧には大きな力がある

東京ドームは高さ56m、広さ4万6755㎡、収容人数4万6000人の屋根つき球場だ。この巨大な建物の屋根は空気によって支えられている。送風ファンによってドーム内に空気を送りこみ、外より気圧を高くすることで、ガラスせんいでできた屋根の膜をふくらませているのだ。屋根の総重量は約400トン。これを支えている気圧差は、外よりたった0.3％高いだけ。気圧はとても大きな力をもっていることがわかる。

屋根の重さは400トン
外より0.3％高い気圧
外と中の気圧に差がないと、自重で屋根の膜が下がる。

✈ 上空を飛ぶ飛行機の後ろに見える飛行機雲は、飛行機の排ガスがもとになっている。排ガスに含まれている温かい水蒸気が急速に冷やされて、細かい氷のつぶになるのだ。

飛行機が飛ぶしくみ

揚力を生み出すしくみ

主翼の上の気圧が低くなり、下の気圧が高くなると、揚力が生まれます。では、その気圧差は、どうやってつくっているのでしょうか。ひみつは翼の形にあります。

空気の流れの速さを変える

飛行機がエンジンの力で前に進むと、翼にあたった空気は上下に分かれて流れる。主翼の断面を見てみると、上側がふくらんだ形をしている。すると翼のまわりには空気の流れの循環が生まれ、上側では速く、下側ではおそく流れる。空気の流れが速いところは、空気の流れがおそいところよりも気圧が低くなる。つまり翼は、気圧の低い上側に吸い上げられているのだ。これが飛行機をもち上げる揚力の正体だ。

翼にあたった空気の流れ
- 流れが速い（気圧が低い）
- 翼の断面
- 飛行機の進行方向
- 流れがおそい（気圧が高い）

翼の上下で気圧差ができる
- 気圧が低い
- 気圧の低いほうに翼が吸い上げられる。これが揚力だ。
- 気圧が高い

翼のまわりにできる空気の渦

主翼断面の形によって、翼のまわりには空気の循環（渦）ができる。しかし、常に空気は前方からおしよせるため、上面の流れはさらに加速し、下面の流れは循環しようとする空気とぶつかっておそくなる。

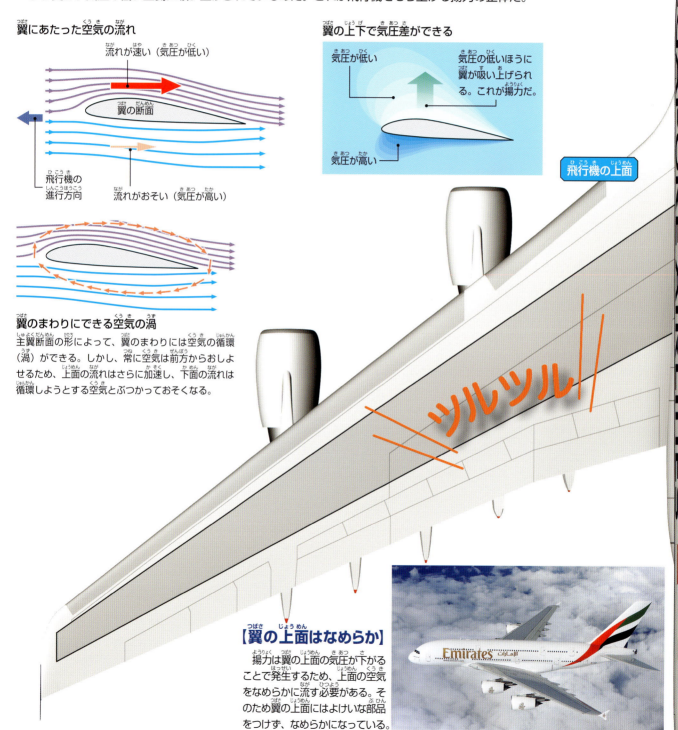

飛行機の上面

ツルツル

【翼の上面はなめらか】
揚力は翼の上面の気圧が下がることで発生するため、上面の空気をなめらかに流す必要がある。そのため翼の上面にはよけいな部品をつけず、なめらかになっている。

揚力でもち上がる紙

空気の流れが速いところでは、空気の流れがおそいところと比べて、気圧が低くなる。このことを「ベルヌーイの定理」という。紙を両手で持って、上面に息をふきかけてみよう。下向きになっていた紙が、上にもち上がるはずだ。ベルヌーイの定理によって、紙の上面の空気の流れが速くなり、気圧が下がっている。この紙をもち上げているのと同じ力が、飛行機の揚力だ。

気圧が下がって、紙を吸い上げる。

揚力を大きくする3つの要素

揚力を大きくするために重要なポイントとして、翼の断面の形のほかにも次の3つがあげられる。まずは「翼の面積」(→20、30)。翼の大きさに比例して揚力も大きくなる。次に「速度」。速度の2乗に比例して揚力も大きくなる。そして翼に空気があたる角度、「迎え角」だ。迎え角が大きくなるほど、翼の上面と下面の気圧差が大きくなり、揚力は大きくなる。

迎え角と揚力の関係

迎え角3° 揚力と抗力（空気抵抗）のバランスがとれている。高速で水平に飛ぶときはこの状態(→22)。

迎え角15° 揚力は最大。離着陸時など、低速で飛ぶときの迎え角は大きい。

迎え角16°以上 迎え角を大きくしすぎると、翼の上面に渦ができてしまい、揚力は小さくなる。このような状態を失速という。抗力も大きい。

迎え角マイナス5° 揚力は上にも下にも発生しない。

迎え角マイナス10° 揚力は下向きにはたらく。

飛行機の下面

きあつ

デコボコ

● エアバス A380
エアバス A380の翼の面積は845m²で、離陸できる最大の重量は575トン。1cm²あたり68gの重さをもち上げる気圧差が生まれれば飛び立てる。燃料を消費して重量が軽くなれば、必要な気圧差も少なくなってくる。

【翼の下面はデコボコ】

翼の下面にはエンジンや、フラップを動かすための装置などがついている。これらは空気の流れをじゃまする障害物ともいえるが、揚力を生み出すのに大切なのは上面なので問題ない。このことからも、揚力は翼の下をおし上げるのではなく、翼の上を吸い上げるようにはたらいていることがわかる。

飛行機が飛ぶしくみ

飛行機は風に向かって飛び立つ

揚力は主翼に受ける空気の力で発生し、空気を受ける速度が速いほど大きな揚力を得ることができます。空気の動きは一般的に「風」とよばれます。そのため飛行機はふつう、離陸や着陸を風に向かって行います。

【離陸する速度と距離】

飛行機が重いほど、大きな揚力が必要になる。そして主翼に受ける空気の速度が速いほど、翼の上の気圧は低くなり、大きな揚力を生み出せる。つまり重い飛行機ほど、離陸するためには速いスピードが必要になるのだ。十分な速度を出すために、重い飛行機ほど滑走距離も長くなる。

軽飛行機（セスナ172）
機体重量：約1トン
離陸速度：時速約110km
離陸に必要な距離：約290m

離陸速度は飛行機と風の速度の合計

たとえば時速300kmで離陸できる飛行機の場合。滑走路が無風なら、時速300kmのスピードをエンジンによる推力（エンジンが機体をおし出す力）で生み出さなければならない。では、向かい風や追い風のときはどうだろう？

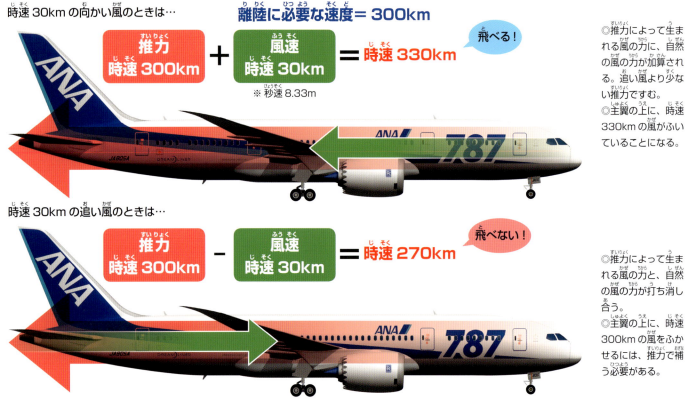

時速30kmの向かい風のときは…
離陸に必要な速度＝300km
推力 時速300km ＋ 風速 時速30km ＝ 時速330km
※秒速8.33m
飛べる！

◎推力によって生まれる風の力に、自然の風の力が加算される。追い風より少ない推力ですむ。
◎主翼の上に、時速330kmの風がふいていることになる。

時速30kmの追い風のときは…
推力 時速300km － 風速 時速30km ＝ 時速270km
飛べない！

◎推力によって生まれる風の力と、自然の風の力が打ち消し合う。
◎主翼の上に、時速300kmの風をふかせるには、推力で補う必要がある。

【着陸は向かい風？ 追い風？】

着陸時も、飛行機は向かい風がいい。たとえば無風のときには時速230kmで着地する飛行機が、向かい風時速30kmのときは着地速度が200kmとなり、安全に止まることができる。逆に追い風時速30kmだと、着地時速は260kmになる。止まるまでに長い距離が必要になり、滑走路をはみ出してしまうおそれがある。では、あらかじめ飛行機の速度を200kmまで落とせば安全なのだろうか？　ところがあまり機体の速度をおそくしすぎると、揚力を失って落ちるので、ある程度の速度は必要なのだ。

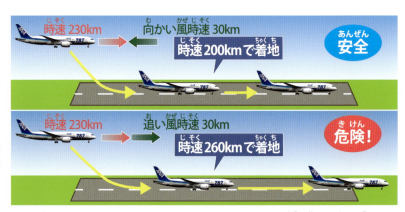

時速230km　向かい風時速30km　時速200kmで着地　安全
時速230km　追い風時速30km　時速260kmで着地　危険！

空港の滑走路をよく見ると、両端にこいのぼりのふき流しのようなものが立っている。これは「ウィンドソック」とよばれるもので、風の向きや強さを見るためのものだ。ウィンドソックを見れば、飛行機が風に向かって離着陸するのが確認できるだろう。

陸 りりく

同じ飛行機でも滑走距離がちがう？
国内線など目的地が近い場合は短い距離で離陸し、国際線など遠くまで飛ぶ飛行機は滑走距離が長い。遠くまで飛ぶ飛行機は燃料をたくさん積んで重くなっているためだ。

小型旅客機（ビーチクラフト C99 エアライナー）
機体重量：約3トン
離陸速度：時速約170km
離陸に必要な距離：約530m

中型旅客機（ボーイング 787-8）
機体重量：約161トン
離陸速度：時速約278km
離陸に必要な距離：約1650m

大型旅客機（エアバス A380）
機体重量：約277トン
離陸速度：時速約315km
離陸に必要な距離：約3000m

滑走路は風がふく方向につくられる

飛行機は風に向かって離着陸するため、空港をつくるときは風の向きが重要になる。数年にわたって建設地の平均的な風向きや、季節によってふく風の特性を調査する必要があるのだ。

新千歳空港

新千歳空港の滑走路の向きは？
滑走路が北北西から南南東の方向に2本並んでつくられている。下の図は「風配図」とよばれるもので、どの方向から風が多くふいたかをまとめたものだ。北北西から南南東方向にふく風がほとんどで、滑走路の向きと一致している。

おもな空港の滑走路と風配図
どの空港も最もよくふく風の方向に合わせて滑走路がつくられている。東京国際（羽田）空港のような大規模な国際空港では、さまざまな風向きに対応するため、風配図と異なる滑走路も備えている。

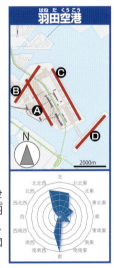
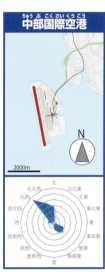
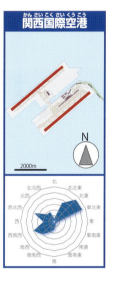

航空母艦も風に向かって進む

航空母艦は、多くの飛行機を積んで移動する軍艦だ。滑走路になる甲板をもった、動く飛行場といえる。さらに飛行機をうち出し、時速約260kmまで加速できる蒸気カタパルトを備えている。この航空母艦も、飛行機が離着陸するときは艦首（船の先）を風上に向け、速度を上げる。離陸する飛行機の速度に船の速度を加え、十分な揚力を得るためだ。

陸上では、離陸速度の時速270kmになるために、400m以上の距離が必要。

甲板の長さは300mだが、カタパルトの加速、時速260kmと航空母艦の最高速度、時速55kmを合わせると時速315kmになる。飛行機の推力もたせば、余裕をもって離陸できる。

アメリカの航空母艦 USS ジョージワシントンから離陸する戦闘機 F/A-18。

空港には、飛行機が安全に離着陸できるように、専用の天気予報が出される。空港とその周辺の風や雲の状態、気温や気圧、霧で視界が悪くないか、などの観測結果を、国際的に定められた形式で空港の管制塔に通報している。

飛行機が飛ぶしくみ

ヘリコプターも揚力で飛ぶ

ヘリコプターには、ジェット旅客機のような巨大な翼はついていません。しかし、ローター（回転翼）を回転させることで、やはり「揚力」を発生させて飛んでいるのです。

揚力
飛行機の翼が風を受けることで揚力を生むのと同じように、ローターは回転することで風を受け、揚力を生む。

下から見たメインローターの回転方向

メインローター
ブレード
ターボシャフトエンジン
排気口

回転するローターが揚力を生む

ローターの細長いブレード（翼）の断面を見ると、飛行機の翼と同じような形をしている。ローターを回転させることで、その細長い翼の上側と下側に気圧の差ができて揚力が生まれるのだ。だからヘリコプターは滑走路を使わなくても、その場で真上に飛び上がることができる。

【空中で止まることができる！】

ヘリコプターは垂直に上昇、下降ができるだけでなく、空中に止まっていることができる。ヘリコプターならではのこの動きを「ホバリング」という。このとき、重力と揚力はつり合っている。

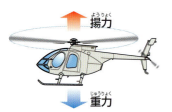

●H130
エアバス・ヘリコプターズ社（ヨーロッパ）の軽量万能ヘリコプター。おもに自家用、会社用、遊覧飛行などに使われる。エンジンは1基。全長10.7m、最大離陸重量2.5トン、最高速度時速237km、定員最大8名。

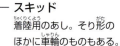
スキッド
着陸用のあし。そり形のほかに車輪のものもある。

【揚力の方向が進む方向を決める】

飛行機のような巨大なエンジンによる推力をもたないヘリコプターは、どうやって前に進むのだろうか。じつは機体を前にかたむけることで、ローターの揚力を前向きの推力に変えて前進している。逆に後ろにかたむければバックすることもできるし、左右にかたむければ左右に動くこともできる。揚力は上向きの力だけではないのだ。

右ページで解説しているように、ブレードのピッチ角を増すと、強い揚力が発生して上昇する。ピッチ角を減らすと、揚力が小さくなって下降する。

前進 操縦桿を前にたおす。

後退 操縦桿を後ろにたおす。

ローター面が前にかたむく。

機体が前にかたむいて前進。

ローター面が後ろにかたむく。

機体が後ろにかたむいて後退。

右（左） 操縦桿を右にたおすと、ローター面が右にかたむき、次に機体が右にかたむいて右に進む。左はその逆。

ヘリコプターのローターと同じように、プロペラ機のプロペラも、断面が飛行機の翼と同じような形をしている。プロペラを回転させることで、プロペラの前側は気圧が低くなり、前に引っぱられるようにプロペラ機は進むのだ。

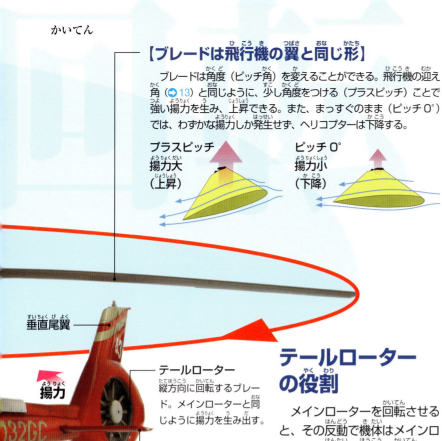

【ブレードは飛行機の翼と同じ形】

ブレードは角度（ピッチ角）を変えることができる。飛行機の迎え角（→13）と同じように、少し角度をつける（プラスピッチ）ことで強い揚力を生み、上昇できる。また、まっすぐのまま（ピッチ0°）では、わずかな揚力しか発生せず、ヘリコプターは下降する。

プラスピッチ　揚力大（上昇）
ピッチ0°　揚力小（下降）

垂直尾翼
揚力
テールローター　縦方向に回転するブレード。メインローターと同じように揚力を生み出す。
水平尾翼

ヘリコプターを上から見たところ
メインローターの回転方向
機体の回転を打ち消す力
機体を回転させる力

テールローターの役割

メインローターを回転させると、その反動で機体はメインローターと反対の方向に回転しようとする。それを防ぐためにテールローターは横向きの揚力を発生させ、機体の姿勢をまっすぐに保つ。また方向転換をするときには、テールローターのブレードの角度を変えることで機体の向きを変えることもできる。

ヘリコプターもジェットエンジン

ローターを回転させているエンジンは、ターボシャフトエンジン（→35）というジェットエンジンだ。メインローターの真下についていて、排気ガスの圧力でタービンを回して、その力をローターの軸に伝える。回転軸によってテールローターも動かしている。

ジェットエンジンの排気口。飛行機のジェットエンジンほどの推力は得られないが、排気ガスの力も捨てずに利用するために、この機種では排気口は後ろに向けてある。

● H145
エアバス・ヘリコプターズ社の多目的ヘリコプター。ターボシャフトエンジン2基を備えている。

いろいろなヘリコプター

メインローターの反動による機体の回転を打ち消すために、テールローター以外にも、さまざまな方法が用いられている。

● カモフ Ka-226
ロシアン・ヘリコプターズ社（ロシア）の小型ヘリコプター。

二重反転ローター
上下に重なったローターが、それぞれ反対方向に回転することで、機体の回転を防ぐ。

● CH-47 チヌーク
ボーイング社（アメリカ）の大型輸送用ヘリコプター。

タンデムローター
前後に、それぞれ反対方向に回転するローターがついている。大型のヘリコプターに多い。

● カマン K-MAX
カマン社（アメリカ）の物資輸送専用ヘリコプター。貨物をつり下げて輸送する。

二軸反転ローター
2基のローターが左右にあり、ぶつからないように反対方向に回転する。

● MD エクスプローラー　ノーター
MDヘリコプターズ社（アメリカ）の中型機。

ノーター
後部から圧縮空気をふき出すことで、メインローターの回転の反動を打ち消している。

ヘリコプターは、音速をこえるほどのスピードは出せない。ローターのブレードの先が音速をこえてしまうと、そこに衝撃波（→28）が発生して揚力が得られなくなるためだ。

飛行機が飛ぶしくみ

まっすぐ上に飛び立つ!

長い距離を滑走せず、垂直に離着陸する、VTOL機とよばれる飛行機があります。長い滑走路が必要ないため、せまい場所やでこぼこの場所でも離着陸することができます。しくみが複雑なことと、値段が高いことから、活躍の場は軍用機に限られます。

垂直離着陸時には、リフトファンの吸気口を開いて空気を取り入れる。

姿勢調節用の空気を噴射するロールポスト。

エンジンの排気口（偏向ノズル）を真下に向けることができる。

●F-35B ライトニングⅡ
ロッキード・マーティン社（アメリカ）が開発した戦闘機。F-35には、A、B、Cの3タイプがあり、垂直に離着陸できるのはBタイプのみ。

揚力を使わずに浮かぶ

VTOLとは、「Vertical（垂直に）Take-Off（離陸）and Landing（着陸）」を略した言葉だ。VTOL機は下方に空気やエンジンの排気を噴射し、その反作用で浮力を得る。空中では、ふつうの飛行機のように、主翼が生み出す揚力を利用して飛行する。

最新のVTOL機

F-35Bには排気の方向を変えることのできる「偏向ノズル」がついている。排気口を真下に向けて、ジェット噴射できるのだ。さらに機体前方には、上部から空気を吸い込み、真下にふき出すリフトファン（送風機）がついている。

【F-35Bの離着陸のしくみ】

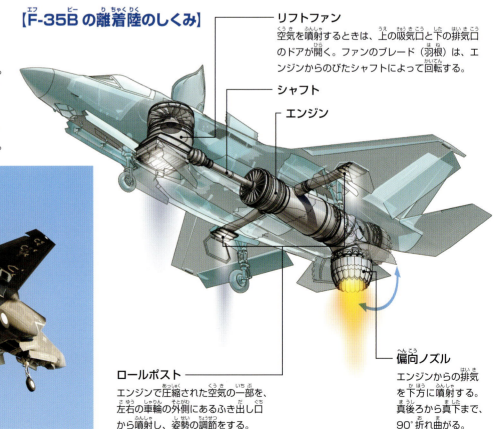

リフトファン
空気を噴射するときは、上の吸気口と下の排気口のドアが開く。ファンのブレード（羽根）は、エンジンからのびたシャフトによって回転する。

シャフト

エンジン

空中を飛ぶときは排気口を後ろに向け、ふつうの飛行機と同じように推力を得る。

ロールポスト
エンジンで圧縮された空気の一部を、左右の車輪の外側にあるふき出し口から噴射し、姿勢の調節をする。

偏向ノズル
エンジンからの排気を下方に噴射する。真後ろから真下まで、90°折れ曲がる。

F-35B ライトニングⅡもAV-8B ハリアーⅡも、垂直離陸するには燃料を大量に消費する。そのため実際には、偏向ノズルと主翼の揚力を組み合わせて、短距離を滑走して離陸することが多く、「STOVL（Short TakeOff/Vertical Landing）機」ともよぶ。

離陸
りりく

はじめて実用化されたVTOL機

イギリスのホーカー・シドレー社が開発した、世界初のVTOL機がハリアーだ。ジェットエンジンの排気口を4つに分け、それぞれが偏向ノズルになっている。ノズルの向きを変えることで、上下前後にも飛ぶことができる。

①ノズルを下に向けて垂直に離陸。離陸後、ノズルを少しずつ後ろに向けて加速する。

②加速すると翼に揚力が生まれる。ノズルは後ろに向けて推力とし、水平飛行に移る。

偏向ノズル

機体の側面に、水平から最大98.5°まで、下向きに回転する偏向ノズルが4つついている。真下よりさらに機首側へ回転することで、着陸地点を通り過ぎてもバックすることができる。

偏向ノズルのほかに、姿勢制御用のノズルが機体の前後左右4か所（○）についている。

● AV-8B ハリアーⅡ
ハリアーをもとにしてボーイング社（アメリカ）が開発した戦闘機。写真は強襲揚陸艦（小型の航空母艦として使われる）に着陸するよう。

オスプレイはヘリコプター式

主翼の先にエンジンとプロペラ（ローター）がついていて、その方向を90°までかたむけることで垂直に離着陸することができる。ティルト（かたむく）ローター機とよばれる。

● V-22 オスプレイ
ベル・ヘリコプター社とボーイング社（ともにアメリカ）が共同で開発した軍用機。

①プロペラを上に向け、プロペラによる揚力で垂直に離陸する。

プロペラによる揚力

②離陸後、プロペラをななめに向けて加速する。翼による揚力が発生。

翼の揚力 / プロペラによる揚力

③プロペラによる揚力は、前に進む推力へと変化する。

翼の揚力 / プロペラによる揚力

【飛行機とヘリコプターの利点を合わせた】

オスプレイは水平飛行時には飛行機と同じように主翼で揚力を発生させているため、推力と揚力をローター1基でまかなうヘリコプターより効率がよい。そのため燃料の消費量がヘリコプターより少なくてすみ、遠くまで飛べる。また水平飛行時は、プロペラの役割を推力だけに使えるのでスピードも出せる。そして滑走路なしで離着陸、空中静止（ホバリング）できるというヘリコプターの利点も合わせもつ。

✈ AV-8Bの愛称「ハリアー」は、小型のタカのなかま、チュウヒのこと。V-22の愛称「オスプレイ」は、急降下して魚をとるタカのなかま、ミサゴのこと。軍用機には鳥の名前を愛称にしたものが多く、ほかにA-4 スカイホークは（空の）タカ、F-15 イーグルはワシ、F-22 ラプターは猛禽類という意味だ。

機体のしくみ

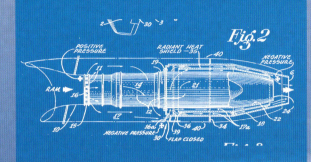

空気をあやつる主翼

　飛行機が飛ぶための揚力のほとんどを生み出しているのが、胴体の中央付近から大きく左右にのびた主翼です。主翼には、翼にあたる空気をあやつることで揚力を大きくしたり、機体を旋回させたり、減速したりするための、さまざまなしくみがあります。

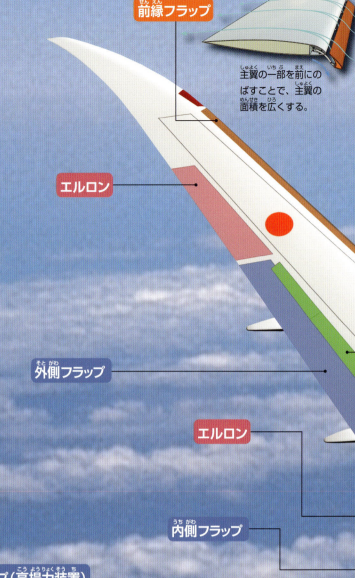

前縁フラップ
主翼の一部を前にのばすことで、主翼の面積を広くする。

エルロン

外側フラップ

エルロン

内側フラップ

フラップ（高揚力装置）

　離着陸などの低速時に、より大きな揚力を得るための装置。主翼の面積が大きいほど揚力が増すため、翼の前後にのばす。また下向きにのばすことで翼の反りが大きくなり、これも揚力を増す効果がある。上空では空気の抵抗を少なくして、経済的に飛行できるようにフラップを収納する。

フラップ

着陸時のボーイング747の主翼。フラップが最大限にのびているのが見える。

【いろいろな主翼の位置】

高翼式
主翼が胴体の上側についている。大きな荷物を積み下ろししやすいため、輸送機に多い。

中翼式
主翼が胴体の中ほどについている。背面飛行をしても主翼の位置が変わらないため、操縦しやすい。戦闘機に多い。

低翼式
主翼の上に胴体がのっているような状態なので、胴体スペースを広くとれる。左右の翼をつなげることで強度を高めやすい。旅客機に多い。

フラップが出るしくみ

ふだんは主翼と一体化しているが、離着陸時には後ろにスライドさせてのばす。フラップは大きいほど、また角度をつけるほど揚力を増すことができるが、迎え角（→13）が大きすぎると、翼の表面に沿って流れる空気が渦になってしまい、逆に揚力を失う。しかし上の図のようにフラップが2枚に分かれて、間にすき間をつくると、下面の圧力の高い空気が上面に流れこみ、空気の流れがさまたげられることを防いでくれる。

前縁フラップ

主翼の前側の一部を前方におし出すことで、主翼の面積を広げる。さらに主翼本体との間にすき間をつくる。すき間を通った空気は、翼の上面に沿って流れる空気が渦になるのを防ぐため、より大きな迎え角（→13）をとることができる。

エルロン（補助翼）

飛行機の左右のかたむきを調節する。エルロンを上げると揚力が小さくなり、下げると揚力が増す。たとえば機体を右にかたむけるときは、右のエルロンを上げ、左のエルロンを下げる。左右のエルロンは必ず、反対方向に動く。

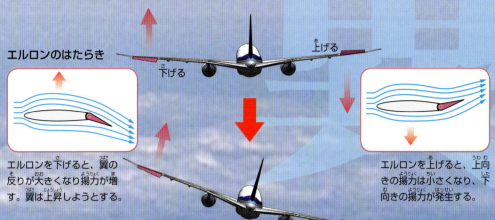

エルロンのはたらき

エルロンを下げると、翼の反りが大きくなり揚力が増す。翼は上昇しようとする。

機体の左側が持ち上がってかたむく。

エルロンを上げると、上向きの揚力は小さくなり、下向きの揚力が発生する。

スポイラー

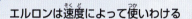

前縁フラップ

内側の前縁フラップは、回転して前にせり出す。クルーガーフラップともいう。クルーガーとは、発明者の名前だ。

エルロンは速度によって使いわける

低速時
外側と内側のエルロンを両方使う。

高速時
外側のエルロンを使うと翼がしなってしまう。そのため内側のエルロンだけを使う。

スポイラー

主翼上面のスポイラーを立てることで空気の抵抗を増やし、揚力を減らす。着陸してからは、飛行機の速度を落とすブレーキの役割をはたす。

着陸した飛行機は、スポイラーのほかに、エンジンの逆噴射、車輪のディスクブレーキを加えた3つのブレーキによって、速度を落とす。

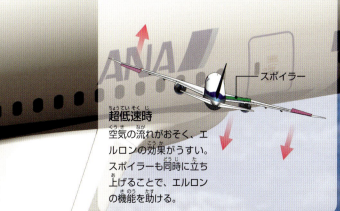

超低速時
空気の流れがおそく、エルロンの効果がうすい。スポイラーも同時に立ち上げることで、エルロンの機能を助ける。

機体のしくみ

水平尾翼のはたらき

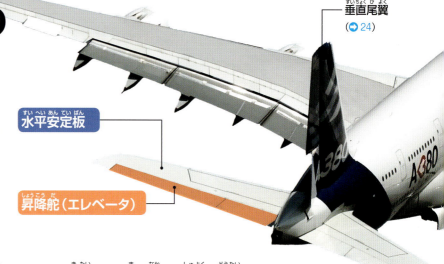

垂直尾翼（→24）
水平安定板
昇降舵（エレベータ）

飛行機の後部には尾翼があります。水平に取りつけられたものが水平尾翼で、固定された水平安定板と、可動式の昇降舵（エレベータ）からなります。水平安定板は飛行機がまっすぐ飛ぶように上下方向の姿勢を安定させ、昇降舵は飛行機を上昇、下降させるときに使います。

飛行機のかたむきを調整する

旅客機の多くは、前後左右に安定した状態で操縦できるよう、機体のほぼ真ん中の、主翼が胴体についている部分あたりに重心（物体の重さの中心）がある。旅客機の主翼は重心より後ろ向きにのびているので、主翼が揚力を発生させると、重心を支点として機首が下がってしまう。これを防ぐために、水平尾翼はややしり上がりに取りつけられ、常に下向きの揚力を発生させている。

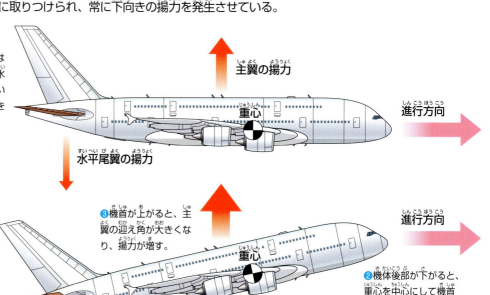

水平飛行中
水平尾翼による下向きの揚力がないと、飛行機は重心を中心に前転してしまうことになる。また水平飛行中は燃費をよくするため出力をおさえているので、機首を3°ほど上げて迎え角（→13）を大きくすることで、揚力を補っている。

主翼の揚力／進行方向／重心／水平尾翼の揚力

機首を上げる場合（上昇）
❶昇降舵を上に向けると、下向きの揚力が増す。
❷機体後部が下がると、重心を中心にして機首が上がる。
❸機首が上がると、主翼の迎え角が大きくなり、揚力が増す。

機首を下げる場合（下降）
❶昇降舵を下に向けると、上向きの揚力が発生する。
❷機体後部が上がると、重心を中心にして機首が下がる。
❸迎え角が小さくなり、主翼の上向きの揚力は減る。

テーブルはかたむいている

旅客機のテーブルは、完全な水平ではなく、じつは3°ほど奥にかたむいている。水平飛行では機首を3°ほどもち上げた状態なので、そのときに飲みものなどがすべらないための工夫だ。

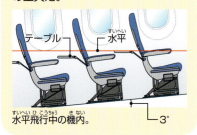

水平飛行中の機内。／テーブル／水平／3°

着陸するときは機首は下げない

飛行機が着陸するときには速度を落とすため、主翼が水平、または機首を下げたような状態では、揚力がたりなくなってしまう。そのためフラップなどを開くほか、機首を上げて迎え角を大きくすることで、揚力を増して着陸する。だから車輪は、必ず後ろが先に滑走路に接地することになる。

✈ 旅客機の重心位置は、飛行ごとにわずかに変わる。乗客も貨物も必ずしも満席になるとは限らない。そのため、あらかじめコンピュータで人数や着席の位置、貨物の位置などを計算して、重心位置が大きく変わらないように配置している。

●エアバス A380

【水平尾翼全体も動く】
大型旅客機の水平尾翼は、昇降舵だけでなく全体も動かすことができる。乗客の数や荷物の重さなどによって、飛行機の重心の位置はわずかに変化する。たとえば後ろのほうの席だけがいっぱいのときは、機首は上がってしまう。そのためあらかじめ水平尾翼の取りつけ角度を動かして調節するのだ。この装置を「スタビライザートリム」という。

●ボーイング 727
ボーイング社（アメリカ）の旅客機。3基のエンジンが後部にある。

水平尾翼が
T字形についたタイプ
エンジンが後部についている「リアエンジン方式」の飛行機では、エンジンからの排気の影響を避けるため、垂直尾翼の上部に水平尾翼を取りつけたものもある。正面から見るとアルファベットの「T」に見えるため、T字尾翼とよぶ。

水平尾翼が前にある飛行機

水平尾翼を主翼より前に取りつけた飛行機もある。先尾翼（カナード）といい、この形式の飛行機は先尾翼機とよばれる。後部にある水平尾翼とは逆に、水平飛行時には上向きの揚力を発生させて機体のバランスを保つ。戦闘機の重心は旅客機とはちがい、後ろより。安定してまっすぐ飛ぶより、不安定でもすばやく、あらゆる方向に動けることを優先している。

●ユーロファイター タイフーン
イギリス、ドイツ、イタリア、スペインが共同で開発した戦闘機。最高速度マッハ2.0（時速約2450km）。

最初の飛行機は水平尾翼が前にあった

1903年、ライト兄弟が人類初の「エンジンを搭載した飛行機による有人飛行」を実現したライトフライヤー号は、機首に水平安定板がついている先尾翼機だ。

水平尾翼がない飛行機もある

水平尾翼がない飛行機を無尾翼機という。そのぶん空気抵抗も小さくなり、速度を増すことができる。主翼は機体の後ろまでのびていて、昇降舵とエルロン（→21）の機能をかね備えた「エレボン」がついている。また、揚力と重心のつり合いをとるため主翼の先がねじり下げられていて、先だけ下向きの揚力が発生するようになっている。

●ミラージュ2000
ダッソー社（フランス）の戦闘機。コンピュータで調節された主翼が、機体の安定性を保つ。最高速度マッハ2.2（時速約2695km）。

エレボン

戦闘機などの超高速で飛ぶ飛行機では、水平尾翼全体が動いて昇降舵の役割をはたす。音速に近づくほど、小さな舵では効きが悪くなるため全体を動かすのだ。

機体のしくみ

垂直尾翼のはたらき

飛行機の後部に垂直に取りつけられているのが垂直尾翼です。固定された垂直安定板と、可動式の方向舵（ラダー）からなります。飛行機がまっすぐ飛ぶように、左右方向の姿勢を安定させる役割をもっています。

製造工場から運ばれるエアバス A350 XWB の垂直尾翼。およそ 10m の高さがある。

飛行機をまっすぐにする

飛行機は横風を受けたり、思わぬ突風を受けたりすることがある。それによって機首が左右に首ふりを起こしても、垂直尾翼が風を受け流すことで、機体は進行方向に機首を向けて安定する。こうしたはたらきを「風見安定」という。

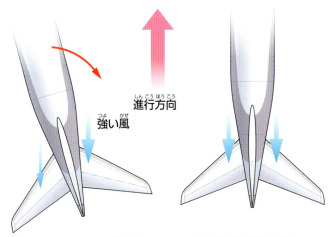

❶機体がななめになると、垂直尾翼の片側に強い風を受けることになる。

❷強い風が垂直尾翼の翼面をおして、飛行機は再び進行方向に向く

風力計にもある垂直尾翼

風力計には、常に風車が風上に向くように垂直尾翼がついている。飛行機の垂直尾翼と同じはたらきだ。

方向舵で左右の動きを安定させる

強い横風やななめの風を受けながら離着陸するときには、方向舵を動かして機体を進行方向へ向ける。方向舵を左右に動かすことで発生する揚力を使うのだ。たとえば方向舵を右に向けると、垂直尾翼に左向きの揚力が発生して、機首は右を向く。

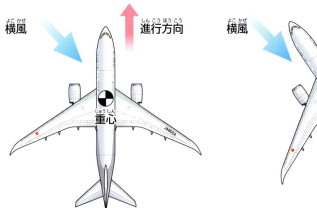

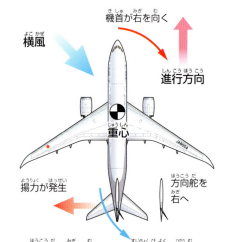

❶強い横風の中を飛ぶと、重心を中心に機体がななめになってしまい、進行方向には向かない。

❷垂直尾翼のはたらきで風上を向くが、このままでは進行方向に対して横すべりしてしまう。

❸方向舵を右に向けると、垂直尾翼に左向きの揚力が発生し、機首は右を向く。

旅客機などは横すべりを防ぐために方向舵で調節するが、戦闘機ではわざと横すべりさせることもある。敵の戦闘機が後ろにつこうとするとき、横すべりさせて機体を横に向けると、敵は機首の方向に飛ぶのだとかんちがいしてしまう。そのすきに逃げるのだ。

【方向舵だけで方向転換はしない】

方向舵は機首の向きを変えるだけなので、大回りになってしまう。方向転換するには、同時にエルロン（→21）も動かして、機体をかたむけていく。上下左右に三次元的な動きができる飛行機ならではの動きだ。

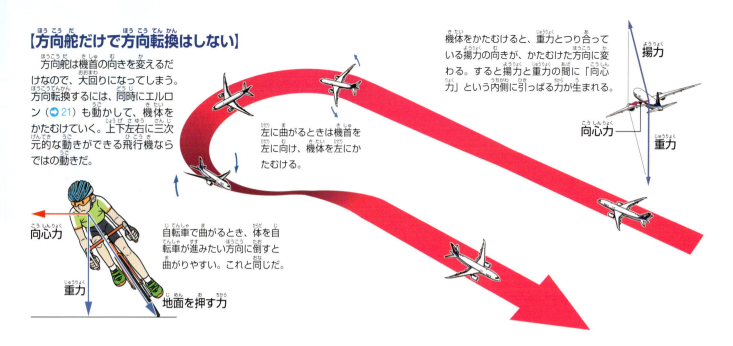

左に曲がるときは機首を左に向け、機体を左にかたむける。

機体をかたむけると、重力とつり合っている揚力の向きが、かたむけた方向に変わる。すると揚力と重力の間に「向心力」という内側に引っぱる力が生まれる。

自転車で曲がるとき、体を自転車が進みたい方向に倒すと曲がりやすい。これと同じだ。

垂直尾翼が2枚ある飛行機

超音速で飛ぶ戦闘機などには、垂直尾翼が2枚ついているものがある。飛行機は高速になるほど直進する安定性が悪くなるため、垂直尾翼を2枚に増やして安定性を保つのだ。また、1枚を破損しても、残りの1枚で最低限の安定性を保つことができる。

● F-15 イーグル
ボーイング社（アメリカ）の大型の戦闘機。愛称のイーグルはワシという意味だ。最高速度マッハ2.5（時速約3063km）。

● F-22 ラプター
ステルス性能の高いアメリカの戦闘機。機体の形は、レーダーの電波をまっすぐ反射しないような角度で設計されている。さらに電波を吸収する塗料が塗られている。

【ステルス機ではななめ】

レーダーに映りにくい「ステルス機能（→57）」を高めるために、垂直尾翼がななめについている。ななめだとレーダーの電波をまっすぐに返さないため、レーダーに映りにくいのだ。

尾翼がない飛行機もある

垂直尾翼も水平尾翼もない「全翼機」とよばれる飛行機もある。尾翼の空気抵抗をなくす、機体を軽くする、レーダーに映りにくくなるなどの利点がある。高度なコンピュータが動きを調節することで、機体の安定性を保つ。

【尾翼がなくても安定する理由】

全翼機は主翼の前後に胴体がないため、横風の影響を受けない。まっすぐ進もうとするエンジンの推力だけで安定するのだ。ただし風があらゆる方向から不規則にふいてくるため、フラップを動かすなどして調節はしている。この動きは複雑なため、コンピュータによって行われる。

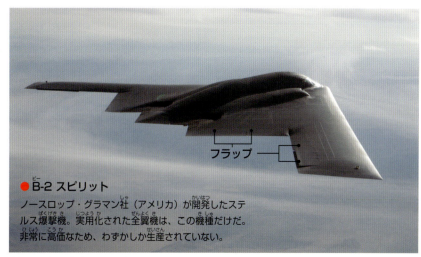

● B-2 スピリット
ノースロップ・グラマン社（アメリカ）が開発したステルス爆撃機。実用化された全翼機は、この機種だけだ。非常に高価なため、わずかしか生産されていない。

空港で飛行機を見ると、航空会社のロゴやシンボルマークが描かれた垂直尾翼はよく目立つ。とくに国際線の飛行機は、国や民族の象徴をカラフルにデザインしたものが多く、垂直尾翼だけでも目を楽しませてくれる。

機体のしくみ

空気と戦う工夫

飛行機にはたらく4つの力の1つに「抗力」があります（→8）。前に進もうとすると、空気のかたまりにぶつかって動きをさえぎられるので、空気抵抗ともいいます。抗力が小さければ小さいほど、飛行機は速く、効率よく飛行できます。

翼で発生した空気の渦（翼端渦）は、飛行機の前進をさまたげる抵抗（誘導抵抗）となる。また、この写真では、渦が後ろに残って乱気流になっている。

空気抵抗
- 40% 誘導抵抗 ― 揚力といっしょに生まれる抵抗。
- 60% 形状抵抗 ― 空気をおしのけるときに生まれる抵抗。

翼の渦から生まれる「誘導抵抗」

飛行機の揚力は主翼上面と下面の気圧差によって生み出される。しかし翼の先（翼端）では、気圧の高い下面の空気が気圧の低い上面に回りこんでしまうことで、「翼端渦」が発生する。この気流の乱れが抗力となり「誘導抵抗」とよばれる。誘導抵抗を減らすために、翼端のはばを細くしたり、翼端にウイングレットという小翼をつけて空気の回りこみをさえぎったりする。しかし、翼端渦がまったくなくなってしまうわけではない。

【翼端渦で発生する後方乱気流】

飛行機は翼端渦を引きずりながら飛ぶことになるが、翼端渦の力は大きく、数分残ることもある。この乱れた空気を後方乱気流といい、小型機などが巻きこまれると、とても危険だ。そのため、大型の旅客機が離陸したあとは、長めに時間をあけてから離陸する。

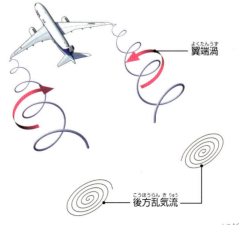

ボーイング737の翼端につけられたウイングレット。主翼が大きくなると翼端渦も大きくなるため、大型の旅客機につけられることが多い。また翼端渦による誘導抵抗が発生すれば、そのぶんエンジンの推力を上げなければならず、燃費が悪くなる。そのため、長距離を飛ぶ飛行機にもウイングレットがとりつけられることが多い。

✈ エアバス社の旅客機では、「ウイングレット」とよばず、「ウイングチップ・フェンス」とよんでいる。主翼の上だけでなく、下にものびている。

飛行機の形から生まれる「形状抵抗」

空気は細かいつぶでできている。飛行機は、その空気のつぶをおしのけて飛ぶため、空気から前進をさまたげる力を受ける。この抵抗は飛行機の形によって大きく変化するため「形状抵抗」とよばれる。

【空気の流れを整える】

飛んでいる飛行機の前面では、空気が圧縮されて気圧が高くなる。いっぽう後方では気圧が低くなり、飛行機を後ろに引っぱる力になる。機体に沿って流れた空気が後方で渦を巻くときに、とくに気圧が低くなるため、できるだけ空気の流れを整える必要がある。

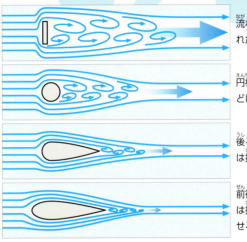

流れの方向に垂直に置かれた板は抵抗が大きい。

円柱形では抵抗を半分ほどに減らせる。

後ろをのばした流線型では抵抗は10%ほどになる。

前後にのばした流線型では抵抗は5%ほどに減らせる。

抵抗を体感しよう

水も空気と同じように抵抗がある。水中を進むときに、まっすぐに手足をのばすと遠くまで進むが、手足を曲げたままではあまり進むことができない。頭や足の後ろの流れが乱れて、大きな抵抗になっているからだ。

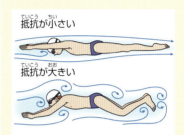

抵抗が小さい

抵抗が大きい

【表面はなるべくなめらかに】

機体の表面では、常に空気とこすれ合ってまさつが生まれている。このまさつも抵抗になる。できるだけ出っぱりをなくして、機体や翼の表面をなめらかにすることで抵抗を減らすことができる。

新幹線もなめらか

空気中を高速で進むものは、飛行機に限らず、できるだけ抵抗を減らすためになめらかで細長い形をしている。

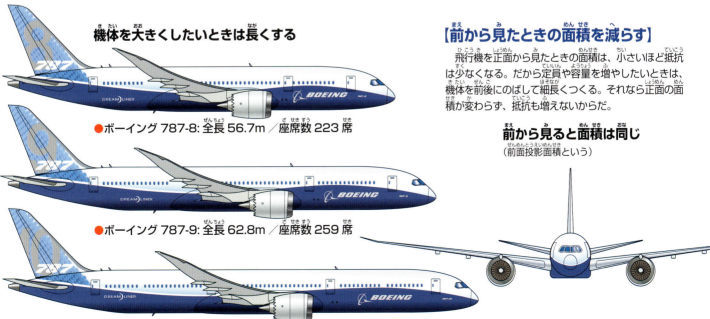

機体を大きくしたいときは長くする

- ボーイング787-8：全長56.7m／座席数223席
- ボーイング787-9：全長62.8m／座席数259席
- ボーイング787-10：全長68.3m／座席数290席

【前から見たときの面積を減らす】

飛行機を正面から見たときの面積は、小さいほど抵抗は少なくなる。だから定員や容量を増やしたいときは、機体を前後にのばして細長くつくる。それなら正面の面積が変わらず、抵抗も増えないからだ。

前から見ると面積は同じ
（前面投影面積という）

機体のしくみ

音の壁と戦う工夫

人びとはより速く飛ぶ飛行機をめざして開発してきました。しかし音の速さのマッハ1（地上では時速約1225km*）に近づくと、激しい振動などでそれ以上速度を上げることができませんでした。まるで目に見えない壁があるようなので、「音の壁」とよばれました。

● SR-71 ブラックバード
ロッキード社が開発したアメリカの軍用偵察機。1999年に退役したが、実用機としては世界最速のマッハ3（時速約3675km）で飛行できた。

空気は壁になる

飛行機は空気のつぶをおしのけながら飛行している。速度が上がると、機体にあたるつぶは圧縮されて高温になり、音速をこえるあたりで衝撃波という空気の壁をつくってしまう。衝撃波による抵抗は「造波抵抗」とよばれ、空気の流れをじゃまする抗力になり、主翼の揚力も小さくしてしまう。また、飛行機のデコボコによって衝撃波の発生する場所と、しない場所が生まれるため、機体が激しく振動したりする。

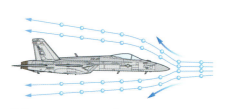

音速よりおそいときは、空気のつぶをおしのけながら飛ぶ。

衝撃波
造波抵抗

音速に近づくと、空気がおしのけられず圧縮されて壁になる。

亜音速
マッハ0.3〜0.8程度
（時速約368〜980km）

音速よりおそい速度。安定して飛んでいる。

遷音速
マッハ0.8〜1.2程度
（時速約980〜1470km）

音速付近の速度。機体の一部が音速に達し、衝撃波が発生。機体は不安定になる。

超音速
マッハ1.2〜5程度
（時速約1470〜6125km）

音速より速い速度。衝撃波は円すい形になり、その内側では機体は安定する。

極超音速
マッハ5以上
（時速約6125km以上）

音の5倍以上の高速度。空気の圧縮とまさつで、機体表面は200〜500℃に発熱する。「熱の壁」とよばれる。

ベイパーコーン

圧縮されて高温になった空気は、飛行機が通り過ぎるといっぺんに膨張する。膨張した空気は温度が下がるので、空気中に含まれる水蒸気がこおって雲ができる。これを「ベイパーコーン（円すい形の雲という意味）」という。

*音は気温が高いほうが速く伝わる性質をもっている。そのため音速（マッハ1）も気温によって変化する。上空に行くと気温が低いため音速はおそくなり、高度1万m付近では時速約1078kmになる。

衝撃波のできかた

音は空気の中を波の形で伝わるエネルギーだ。だから音速で飛ぶ飛行機が空気を圧縮すると、音の波もおし縮められて衝撃波ができる。高速で飛ぶ飛行機は、通ったあとに次つぎに衝撃波をつくっていく。音は時間がたつと広がるため、飛行機の先端から後ろに円すい状に広がっていく。

【マッハコーンの角度】

速度が上がるほどマッハコーンの角度は鋭くなっていくが、機体がこの円すいの内側におさまっていれば飛行は安定する。

音速以下の飛行機は、衝撃波のことを考えなくてよい。もし音速で飛べば、マッハコーンからはみ出した部分にも衝撃波が発生して、機体が不安定になる。

マッハ1でできるマッハコーンの角度は90°。音速に近い速度で飛ぶ旅客機は、90°の円すいの中に入る形をしている。

マッハ2でできるマッハコーンの角度は60°。超音速の戦闘機は、この形だ。

マッハ3でできるマッハコーンの角度は30°。SR-71は、こんなにとがった形だ。

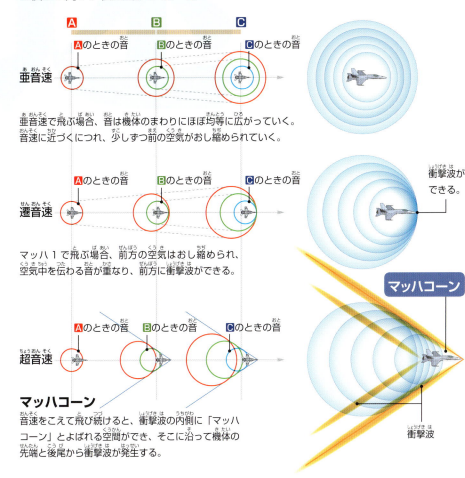

亜音速で飛ぶ場合、音は機体のまわりにほぼ均等に広がっていく。音速に近づくにつれ、少しずつ前の空気がおし縮められていく。

マッハ1で飛ぶ場合、前方の空気はおし縮められ、空気中を伝わる音が重なり、前方に衝撃波ができる。

マッハコーン
音速をこえて飛び続けると、衝撃波の内側に「マッハコーン」とよばれる空間ができ、そこに沿って機体の先端と後尾から衝撃波が発生する。

音がおくれてやってくる

衝撃波は空気中を伝わる間に音波となる。この音は「ソニックブーム」ともよばれ、地上に伝わると窓ガラスが割れてしまうほどの力がある。もし地上でソニックブームを聞いてから空を見上げても、飛行機の姿は見えない。超音速で飛んでいるため、ソニックブームが地上にとどくころには飛行機はすでにかなり遠くまで飛び去っているのだ。

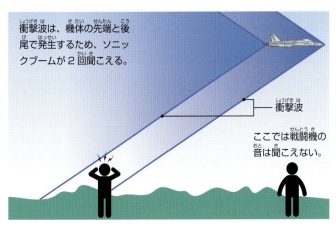

衝撃波は、機体の先端と後尾で発生するため、ソニックブームが2回聞こえる。

ここでは戦闘機の音は聞こえない。

雷の音も衝撃波だった！

雷とは、雲の中でできた電気が地面の電気に引きよせられて一気に流れること。秒速30万km（光速）で空気の中を進むので、空気との間に激しいまさつが発生する。そのまさつによって空気は急速に3万℃まで熱せられ、膨張した空気のつぶは音速をこえる。そのとき発生する衝撃波が、「ドーン！」という音となって聞こえてくるのだ。

機体のしくみ

いろいろな形の翼

飛行機には、大きさや速度、使う目的などによって、それぞれに適した翼の形があります。また、今はあまり見られなくなっても、開発の歴史のなかで注目された形もあります。ここでは、それらの代表的な翼の形を見てみましょう。

矩形翼
翼のつけ根から翼端まで同じはばの長方形の翼。形が単純なためつくりやすく、値段の安い小型機に見られる。初期の飛行機のほとんどは矩形翼だった。

テーパー翼
翼のつけ根より翼端が細くなっている。つけ根にかかる力が小さく、軽量化しやすい。

● ベル X-1
1947年に世界ではじめて水平飛行で音速を突破したアメリカの試験ロケット機。最高速度記録はマッハ1.45（時速約1776km）。

● OV-10 ブロンコ
戦場の上空を飛び、敵の陣地などを観測するアメリカの軍用機。ゆっくり飛ぶのに適した矩形翼を採用。最高速度は時速約260km。

逆テーパー翼
翼のつけ根より翼端のほうが、はばが広くなっている。後退翼やテーパー翼は翼の面積が少ないため、低速時に揚力を失って失速することがある。その欠点を補うために試作された。

後退翼
翼を後ろにかたむけているもの。音速近くで飛ぶときに障害となる衝撃波（→28）の発生をおくらせて、安定して操縦できる。たとえば流れのある川を真横に渡るより、ななめに渡ったほうが楽に渡れるように、空気の流れの中を飛ぶ翼も、ななめにすると抵抗が少なくなるのだ。

● ボーイング 787
アメリカの中型ジェット旅客機。

● XF-91 サンダーセプター
1949年に初飛行したアメリカの試験戦闘機。ジェットエンジンとロケットエンジンの両方を備えていた。

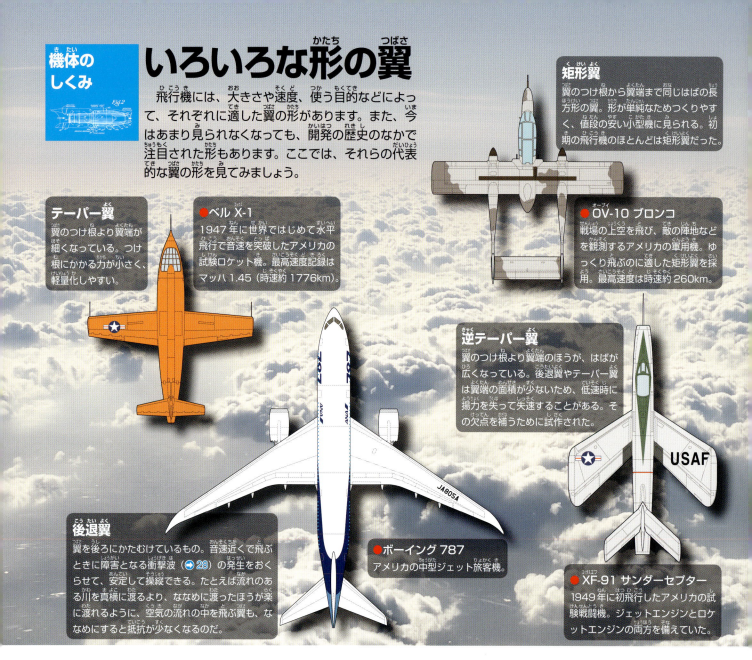

縦横の比率で飛び方が変わる

翼の縦横の長さの比率のことをアスペクト比といい、細長いほどアスペクト比は大きい。それにともなって誘導抵抗（→26）の影響が少なくなり、大きな揚力が得られる。しかし、高速で飛ぶためには細長い翼では強度がたりず、さらに誘導抵抗を減らすより形状抵抗（→27）を減らすほうが効果は大きいため、アスペクト比は小さくなっている。効率重視か、速さ重視か、飛行機の目的によってちょうどいいアスペクト比が選ばれる。

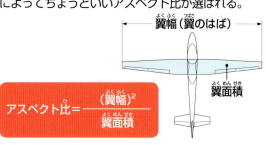

$$\text{アスペクト比} = \frac{(\text{翼幅})^2}{\text{翼面積}}$$

アスペクト比が大きいと…

アホウドリのようにアスペクト比の大きい翼は、誘導抵抗が少ないため効率よく揚力を得られる。長い距離を飛ぶ輸送機や、風をとらえて飛ぶグライダーに適している。しかし急な旋回をすると、翼が根元から折れてしまうおそれがある。

アスペクト比が小さいと…

障害物の多い場所を飛ぶハトのような鳥や、小型の軽飛行機などは、小回りのきくアスペクト比の小さな翼になっている。急な旋回が得意な戦闘機の翼は、どれもアスペクト比が小さいつくりになっている。

ワタリアホウドリ / グライダー

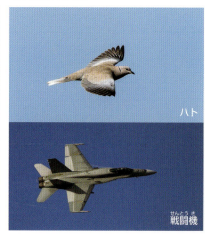

ハト / 戦闘機

つばさ

前進翼
後退翼とは逆に、翼を前方にかたむけている。前向きであっても、空気の流れに対してななめの翼は、衝撃波の発生をおくらせる効果がある。

● Su-47 ベールクト
ロシアのジェット戦闘機。ベールクトはイヌワシのこと。最高速度はマッハ2.0（時速約2450km）。

デルタ翼
三角形の翼。翼が大きく後退していて、さらにうすいため抗力が少なく、音速以上ですばぬけた安定性を発揮する。ただしアスペクト比が小さいため、低速では揚力が低下する。

● ダッソー ミラージュ 2000
敵の爆撃機にいち早く近づき、うち落とすためのフランスの軍用機。コンピュータで調節し、デルタ翼が苦手な低速でも操縦しやすい。最高速度マッハ2.2（時速約2695km）。

ダブルデルタ翼
角度のちがう2枚の三角翼を組み合わせた形。前方にある翼がつくる気流を、後方の翼に送ることで、低速でも揚力をかせげる。

● サーブ 35 ドラケン
世界ではじめてダブルデルタ翼を実用化した、スウェーデンの戦闘機。ドラケンは竜（ドラゴン）のこと。最高速度はマッハ1.7（時速約2083km）。

可変翼
翼の角度を変えることができ、低速では横にのばして揚力をかせぎ、高速では後退させて抵抗を少なくするので、理想的な方式だ。ただし、つくりが複雑になり、重くなる欠点がある。

● トーネード
イギリス、ドイツ、イタリアが共同で開発した軍用機。敵機を迎えうつ、地上の攻撃、偵察など、さまざまな目的に使える。最高速度マッハ2.2（時速約2695km）。

全翼機
胴体部や尾翼がない主翼だけの飛行機。空気の抵抗が少なく軽量化できるが、設計がむずかしく、操縦を補助するための高性能なコンピュータが必要だ。

● B-2 スピリット
アメリカのステルス爆撃機（→25）。

高速時

低速時

翼の理想的な角度は速度で変わる

翼は左右にまっすぐのばしたものより、角度をつけたほうが形状抵抗は減る。とくに高速で飛ぶ戦闘機では抵抗も大きく、音速付近では衝撃波も生じるため、デルタ翼など急角度の翼が理想的だ。ただしアスペクト比が小さくなるため揚力も小さくなる。高速時にはエンジンの出力で揚力不足を補えるが、着陸時に速度を落とすことができず長い滑走路が必要になる。

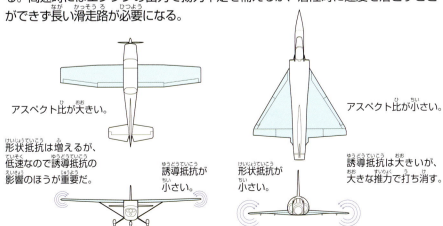

アスペクト比が大きい。

形状抵抗は増えるが、低速なので誘導抵抗の影響のほうが重要だ。

誘導抵抗が小さい。

アスペクト比が小さい。

形状抵抗が小さい。

誘導抵抗は大きいが、大きな推力で打ち消す。

機体のしくみ

推力を生むジェットエンジン❶

エンジンは飛行機を前進させる推力を生み出し、スピードが上がると主翼に揚力が発生します。小型の軽飛行機などを除いて、飛行機のほとんどが燃料を燃やしたガスの噴流（ジェット）を利用するジェットエンジンを備えています。大きく分けると4種類があり、用途に応じて使い分けています。

ターボファンエンジン

ジェットエンジンは吸いこんだ空気を圧縮して燃料と混ぜて燃やし、そのガスを後ろに噴射することで推力にしている。そのうち、おもに旅客機や大型の輸送機に使われているのがターボファンエンジンだ。ファンとよばれる大きな羽根がついているのが特徴で、大量に吸いこんだ空気をすべて燃やすのではなく、一部をそのまま通過させて（バイパス）ふき出すことで推力にしている。燃費がよく、騒音も小さい。

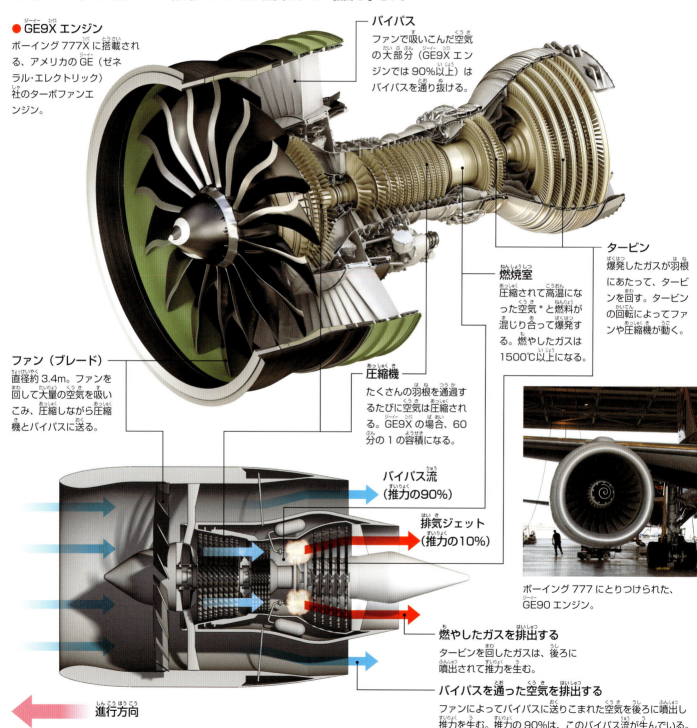

● GE9X エンジン
ボーイング777Xに搭載される、アメリカのGE（ゼネラル・エレクトリック）社のターボファンエンジン。

バイパス
ファンで吸いこんだ空気の大部分（GE9Xエンジンでは90％以上）はバイパスを通り抜ける。

タービン
爆発したガスが羽根にあたって、タービンを回す。タービンの回転によってファンや圧縮機が動く。

燃焼室
圧縮されて高温になった空気＊と燃料が混じり合って爆発する。燃やしたガスは1500℃以上になる。

圧縮機
たくさんの羽根を通過するたびに空気は圧縮される。GE9Xの場合、60分の1の容積になる。

ファン（ブレード）
直径約3.4m。ファンを回して大量の空気を吸いこみ、圧縮しながら圧縮機とバイパスに送る。

バイパス流（推力の90％）

排気ジェット（推力の10％）

燃やしたガスを排出する
タービンを回したガスは、後ろに噴射されて推力を生む。

バイパスを通った空気を排出する
ファンによってバイパスに送りこまれた空気を後ろに噴出し推力を生む。推力の90％は、このバイパス流が生んでいる。

進行方向

ボーイング777にとりつけられた、GE90エンジン。

＊圧縮された空気は「ボイル＝シャルルの法則」によって温度が高くなる。

ジェットエンジンの力

ジェットエンジンは、高温のガスを噴出して推力を生んでいる。ターボファンエンジンもその一種だが、空気のバイパス流が多いので、ふき出す風の温度は低い。また大量に空気を吸いこむため、風の速度は速い。

大量の空気を吸いこむため、エンジンの前方に立つのも危険だ。

人は時速70km以上の風速下では立っていられない。

60℃　50℃　40℃　時速165km　時速100km　時速50km

0　20　40　60　80　100　120　140　160　180　200　220　240 (m)

進化したターボファンエンジン

バイパスに流す空気の割合が多いことを「高バイパス比」という。高バイパス比のターボファンエンジンほど推力は大きい。また燃費がよく、騒音も少ない。初期のころのターボファンエンジンは、ほとんどの空気をバイパスに流さない「低バイパス比」のエンジンだった。新しいエンジンほど高バイパス比になっており、さらにバイパス比を高めるための研究が続けられている。

上の写真は、どちらもダグラスDC-8という機体だが、左は初期のもので低バイパス比の細長いエンジンをつけている。右は高バイパス比の直径が大きいエンジンに取り替えられた機体で、大きさのちがいがわかる。

補助のジェットエンジン、APU

旅客機には主翼につけられたメインエンジンのほかに、「APU（補助動力装置）」が搭載されている。そのおもな役割は、メインエンジンの始動だ。APUで圧縮空気をつくり、メインエンジンに送りこんで圧縮機を回転させる。そして圧縮空気に燃料を混ぜて燃やすことで、メインエンジンは動き出すのだ。エンジンをかけ終わったら、APUは停止する。

最後部にあるAPU

空港で止まっている旅客機を見ると、胴体の最後部に小さな穴があるのが見える。これがAPUの排気口だ。

APUの吸気口
APUの排気口

電気やエアコンの空気もつくる

空港などでメインエンジンが止まっているとき、APUは回転を利用して発電をしている。またAPUがつくる圧縮空気は機内のエアコンにも送られる。さらに水のタンクに圧力をかけて洗面所やトイレが使えるようにもする。

圧縮して高温になった空気をメインエンジンに送りこむ。

メインエンジン
コントロールシステム

APUのしくみ

ガスタービンエンジンというジェットエンジンの一種。吸いこんだ空気を圧縮して、高圧・高温の空気をつくる。バイパス流はない。

ターボファンエンジンのファンを大きくしてバイパス比を高めると、燃費はよくなる。しかし大きくするほど重くなり、低燃費の効果はなくなってしまう。そのため大きくすると同時に、できるだけエンジンをつくる材料は軽くする必要がある。

機体のしくみ
推力を生むジェットエンジン❷

ジェットエンジンには、ターボファンエンジンのほかにもいくつかの種類があります。噴出するガスのエネルギーでプロペラを回したり、その大部分を推力に利用したり、飛行機の使い道によってさまざまです。

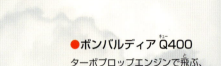

●ボンバルディアQ400
ターボプロップエンジンで飛ぶ、カナダの小型プロペラ機。

小型機で活躍するターボプロップエンジン

タービンの回転を利用して、プロペラを回すことで前向きの揚力を生む。排気するガスも推力として利用するが、前に進む力の10%ほどだ。ターボファンエンジンより小さく軽くつくることができ、燃料も少なくてすむのが特徴。おもに小型の旅客機や輸送機などに用いられる。

ここにプロペラがつく。
減速装置が入っている。

GE社のターボプロップエンジン CT7-9

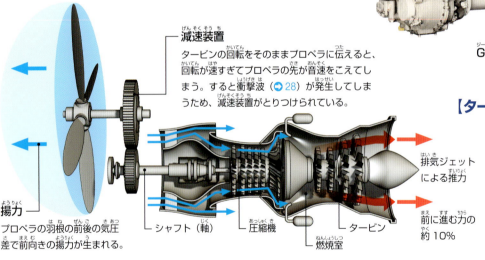

【ターボプロップエンジンのしくみ】

ターボファンエンジンと同じように、空気を吸いこみ、燃料と混ぜて燃やしたガスのエネルギーを利用する。エネルギーのほとんどはタービンを回すことに使われ、その力はシャフト（軸）によってプロペラに伝えられる。バイパス流はなく、ほとんど前向きの揚力で前進する。

飛行機の目的でエンジンは決まる

飛行機に求められる速度、大きさ（重さ）などでエンジンの種類は決まる。短距離でスピードが重視されない場合は、燃費のよいターボプロップエンジンを使う。大きな機体を、速く、遠くまで運ぶには、燃費がよく推力の強い、高バイパスターボファンエンジン（→33）を使う。また目的地にすばやく飛び、機敏に動く必要がある戦闘機などは、燃費は悪くともジェットの噴射速度が速い低バイパスターボファンエンジンを使う。

| 速度 | おそい ～ 速い |
| 燃費 | よい ～ 悪い |

ターボプロップエンジン
近距離を結ぶ小型旅客機。滑走路が短くても離着陸できるので、離島を結ぶ便などに活用される。

高バイパスターボファンエンジン
力が強いので、長距離を飛ぶ大型の旅客機や輸送機などに使われる。

低バイパスターボファンエンジン
燃費を気にせず、高出力で飛ぶ必要のある戦闘機に使われる。

世界最速のターボプロップ機は、1950年代に開発されたロシアのTu-95で、最高速度は時速925kmだ。しかし時速724kmをこえると燃費が悪くなるため、現在、それ以上の速度が求められる場合はターボファンエンジンが採用される。

超音速機のエンジン

音速をこえる戦闘機などには、低バイパスターボファンエンジンが使われる。推力は後方にふき出す排気ジェットによって生まれる。バイパスを通った空気は、ほとんど推力には使われないが、騒音を少なくする役割を果たしている。

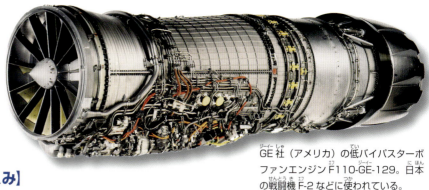

GE社（アメリカ）の低バイパスターボファンエンジンF110-GE-129。日本の戦闘機F-2などに使われている。

【低バイパスターボファンエンジンのしくみ】

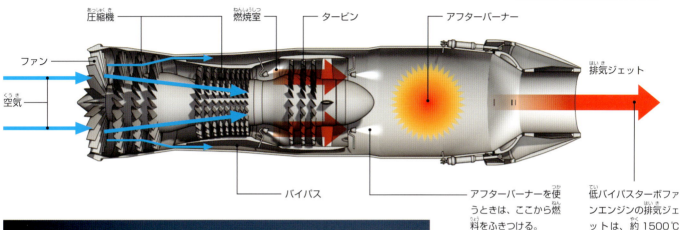

アフターバーナーを使うときは、ここから燃料をふきつける。

低バイパスターボファンエンジンの排気ジェットは、約1500℃もの高温になる。

● F-15
アフターバーナーを使って飛ぶアメリカの戦闘機F-15。

【アフターバーナー】

離陸のときなど、一時的に推力を増やすときは、アフターバーナーを使う。高温の排ガスに燃料をふきつけて、ガスの中に残っている空気をもう一度燃やすことで、推力を瞬間的に1.3～1.5倍に高める。たくさんの燃料を使うため、ひんぱんには使えない。

ターボシャフトエンジン

ヘリコプター（⇒16）に使われるエンジンが、ターボシャフトエンジンだ。ターボプロップエンジンと同じように、ガスによって回したタービンの力を利用する。ヘリコプターは揚力を生むメインローターが上についているため、減速機で回転の速度をゆるめつつ、回転軸の向きを変える。

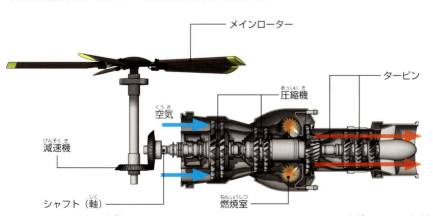

排気を後ろに噴射して、推力を増している。

【ターボシャフトエンジンのしくみ】

エンジン本体のつくりはターボプロップエンジンとほぼ同じしくみ。同じエンジンをターボプロップ旅客機とヘリコプターの両方に使っているものもある。排ガスは推力には使わずに捨てられることが多かったが、近年では後ろに噴出して推力に利用する機種も増えている。

✈ ティルトローター機V-22オスプレイ（⇒19）もターボシャフトエンジンを使用している。主翼の左右にある2基のエンジンのシャフト（軸）は主翼の中でつながっており、どちらか一方のエンジンが止まっても、もう一方のエンジンが左右のプロペラを回すことができる。

機体のしくみ

燃料はどこにある?

旅客機は大量の燃料をどこに積んでいるのでしょうか? じつは、ほとんどが主翼の中です。特別な燃料タンクではなく、主翼内部の空間を密閉してそのまま燃料タンクとして使っています。これをインテグラルタンク(一体構造のタンク)といいます。

燃料タンクの配置

右翼タンク
約2万1000L

センタータンク
約8万4000L

燃料の移動を防ぐ
燃料は液体のため、飛行機の動きにしたがって移動する。燃料が大きく移動すれば、機体のバランスをくずしてしまう。それぞれの燃料タンクは小部屋に分かれていて、バランスを保つように使っていく。

燃料は灯油?
旅客機の燃料は「ケロシン」といって、家庭用ストーブで使われる灯油とほぼ同じ成分だ。ただし旅客機は温度がマイナス50℃以下にもなる高空を飛ぶため、燃料がこおってしまわないように、灯油から水分をこしとってある。

燃料はまず❶センタータンクから使用する。それから、❷左右の翼の燃料をバランスよく使う。

尾翼にタンクがあるものも
エアバスA380など、機種によっては、水平尾翼にも燃料タンクを設けているものもある。

左翼タンク
約2万1000L

給油口

総燃料 12万6,000L

満タンにはしない
目的地まで飛ぶのに必要な分と、着陸を待ったり、もしものときに代わりの空港まで移動する分を計算して燃料の量を決定する。そして予測できない事故などに備えて、必要量の10%、または15分間飛べる量のどちらか多いほうの分量だけ予備として積む。燃料を積みすぎると、機体が重くなり燃費が悪くなってしまう。

燃料放出口(→37)

気圧を調整するベントサージタンク
燃料を使うとタンク内の気圧が下がってしまう。ベントサージタンクは外の空気をとり入れて、タンク内の気圧を調整するはたらきをする。タンクはすべてパイプで結ばれているため、タンク内の気圧を同じに保つことができる。

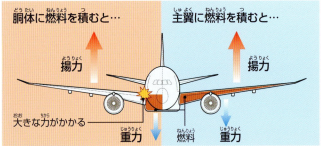

胴体に燃料を積むと… / 主翼に燃料を積むと…
揚力 / 揚力
大きな力がかかる
重力 / 燃料 / 重力

【主翼に燃料を積む利点】

飛行中の旅客機の重さを支えているのは主翼だ。そのため主翼のつけ根部分には大きな力がかかる。もし燃料が胴体部分にしか積まれていなければ、その分の重さもかかってくる。一方、燃料を主翼に積めば、その重さの分だけつけ根にかかる負担は小さくなる。だから燃料を使う順番はセンタータンクからなのだ。もし主翼の燃料を先に使うと、軽くなった主翼が揚力に負けて必要以上にそりかえってしまう。

微生物の一種であるミドリムシや、ナンヨウアブラギリという植物などを材料に、航空機用の燃料をつくる研究が世界各国で進められている。すでにテスト飛行は成功していて、実用化に向けて大規模な工場建設も計画されている。

給油の方法

空港で駐機している旅客機に手早く燃料を補給する。燃料補給には「ハイドラント方式」と「レフューラー方式」がある。

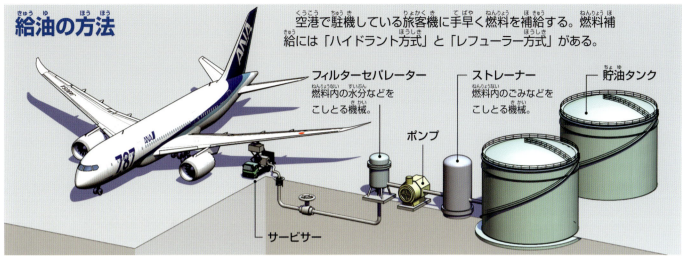

フィルターセパレーター　燃料内の水分などをこしとる機械。
ストレーナー　燃料内のごみなどをこしとる機械。
貯油タンク
ポンプ
サービサー

【貯油タンクから給油するハイドラント方式】

大きな国際空港などではハイドラント式が多い。貯油タンクから旅客機まで地下のパイプを使って燃料が送られ、サービサーとよばれるポンプ、またはポンプ車を使って主翼内の燃料タンクに送りこむ。成田国際空港や東京国際（羽田）空港も、旅客機のほとんどが、この方式だ。

【車から直接給油するレフューラー方式】

小さな空港などでは、燃料を積んだ給油車（レフューリング・カー）によって、車から直接補給する。

ねんりょう

燃料を捨てることもある？

故障や急病人などで、出発地の空港へ引き返したり、予定とは別の空港へ急いで降りたりしなければならないときには、燃料を捨てることがある。飛行距離が短いと、燃料が多すぎて機体が重いままだ。その状態で着陸すると、主翼のつけ根や車輪に大きな負担がかかって危険になる。そのため燃料を捨てて機体を軽くする必要があるのだ。

上空で捨てられた燃料は、地上に落ちる前に霧になって空気中に消えてしまう。

燃料を捨てるパイプは主翼の先端や機体のいちばん後ろなど、エンジンから離れた位置にある。

使い捨ての燃料タンク

できるだけ機体を軽くしたい戦闘機は、やや長い距離を飛ぶときには「増槽」とよばれる燃料タンクを、機体の外に増設する。増槽はふつう使い捨てで、燃料を使い切ったら海などに落としてしまう。

増槽

F-15J イーグルにとりつけられた増槽。このほかに左右の主翼の下にも増槽をとりつけることができる。機体内部の燃料で約2800kmを飛べるが、増槽を3本つけると約4600km飛べるようになる。

燃料の給油方式にある「ハイドラント」は、もともと英語で「消火栓または給水栓」という意味。「レフューラー」は、「燃料補給器」という意味だ。

飛行機の飛ばし方

コックピット

旅客機の操縦室をコックピットといいます。写真はボーイング777のコックピットです。液晶画面にさまざまな情報を映し出すことができ、これを「グラス（ガラスの）コックピット」といいます。また、かつては機長・副操縦士・航空機関士の3名が必要でしたが、高度なコンピュータを導入することで、機長と副操縦士だけで運航できるようになりました。

コンパス

操縦席
一般には機長が左、副操縦士が右に座る。どちらかが操縦し、もうひとりは通信や各種データの監視を行う。

主フライト・ディスプレイ
飛行機のかたむきを表す水平儀や速度計、高度計など、最も基本になるデータを表示する。

航法用ディスプレイ
地図や飛行ルート、風向き、風速などが表示される。地形や雲の画像も切り替えて表示できる。

スタンバイ計器
主フライト・ディスプレイの予備計器。高度や飛行機の姿勢、速度などを表示できる。

操縦桿（操縦輪）
上昇や下降、旋回の操作を行う。前後に動かすことで昇降舵（エレベータ→22）を、左右に回すことでエルロン（→21）をコントロールする。

コントロール・ディスプレイ・ユニット
飛行管理コンピュータやGPS（全地球測位システム）などをまとめたFMSという装置に、飛行ルートや重量、燃料の量などの情報を入力する。

スピードブレーキレバー
スポイラー（→21）を操作して、飛行機にブレーキをかける。

ラダーペダル
足もとの左右に2本あり、両足で方向舵（ラダー→24）をコントロールすることで、機体の向きを変える。

多機能ディスプレイ
スイッチや計器の確認を行う電子チェックリストや、機体外部の映像などが表示される。

操縦席横の装備

酸素マスク
顔全体をおおうタイプのもので、約3秒でつけられる。

走行ハンドル
地上を移動するときに車輪の向きを変える。

電子フライトバッグ
飛行計画やルート、目的地の地図、飛行機の整備状況などを表示する。かつては書類で調べたが、今では知りたい情報をすぐに調べられるようになった。

スロットルレバー
エンジンの出力を調整する。前におすと出力が上がり、手前に引くと下がる。エンジンの数だけあり、双発機では2本、4発機では4本のレバーが並ぶ。

✈ エンジンスタートは、原則として右から左へ順に始動する。その理由は、搭乗口が左にあるためだ。エンジンの吸気や排気が、搭乗口に影響をおよぼさないように安全策がとられている。

そうじゅう

エンジンスタートボタン
エンジンが2基の場合は、左右に2つあるつまみで、右、左の順に始動する。エンジンが回転したら、燃料コントロールスイッチで燃料を送りこみ、点火する。

燃料を捨てる(→37)ボタン。とくに注意をうながすための印がついている。

オーバーヘッドパネル
コックピット内の照明や外部灯火、機内のエアコン、ワイパー、油圧や燃料などのシステムを操作する。

グレアシールドパネル
オートパイロット(自動操縦→42)の操作や、速度、高度、方位、昇降率の指定などが行われる。

EICAS(アイキャス)
エンジンや燃料、油圧、電気、フラップの位置、客室の温度や空調、ドアなどの情報を示す。非常時には警告やメッセージが表示される。

着陸装置(車輪)操作レバー
離着陸の際に車輪の上げ下げを行う。操作ミスを防ぐため、わかりやすくタイヤの形をしている。

フラップレバー
フラップ(→20)を操作して、揚力を調整する。フラップの断面の形をしていて、手前に引くほどフラップは深く開く。

ヘッドアップ・ディスプレイ
パイロットの視線の先に透明なパネルがあり、重要な運航情報を映し出す。視線を上下に動かすことなく、運航情報と前方の状況とを同時に確認できる。ボーイング787では標準装備になっている。

スティックタイプの操縦桿

A340は4発機なので、スロットルレバーが4本ある。

操縦席
一般に、右側は副操縦士が座る。

エアバスの操縦桿はサイドスティック
エアバス社の旅客機は、操縦桿がサイドスティックになっている。機長席では左側、副操縦士席では右側にあり、前後左右にたおすことで操縦を行う。操縦の負担を軽くし、計器類が見やすいなどの利点がある。

方向舵(ラダー)
昇降舵(エレベータ)
発信器
操縦桿
ラダーペダル
電線
フラップ
エルロン
油圧作動装置
コンピュータ

【フライ・バイ・ワイヤ】
操縦桿やラダーペダルの操作で翼の各部は動く。以前はケーブルを使って直接操作していたが、現在では電線(ワイヤ)を使って電気信号で指示を送り、油圧作動装置でコントロールしている。操作情報を一度コンピュータが整理して伝えることで、操作ミスを防ぐことができる。

最近の軍用機では、電線を使った「フライ・バイ・ワイヤ」ではなく、光ファイバーを使った「フライ・バイ・オプティクス(光学)」方式もある。電線よりも軽くでき、電磁波の影響を受けにくく、少ない電力で、たくさんの情報を送れるなどの利点がある。

飛行機の飛ばし方

離陸 〜いざ大空へ！

強力なジェットエンジンの力で滑走路を走り、主翼いっぱいに風を受けて大空にまい上がる飛行機。じつは、あらかじめ目的地までの飛行経路や高度、飛行時間などを記したフライトプラン（飛行計画書）を国土交通省航空局に提出し、空港にある管制塔の指示に従って離陸しています。

管制塔から指示が出る
管制官がパイロットと交信し、離陸などの許可をあたえる。羽田空港の管制塔は、高さ約116m。33階建てのビルくらいの高さだ。

フラップを降ろす
フラップ（→20）は翼の面積を広げるだけでなく、翼の反りも大きくして、速度がおそくても大きな揚力を発生させる。

昇降舵を上に向ける
操縦桿を引くと、水平尾翼にある昇降舵（エレベータ→22）が上を向く。下向きの揚力が発生し機体後部が下に引っぱられるため、機首は上を向く。

前縁フラップを降ろす
揚力を大きくするために、前縁フラップ（→20）を降ろす。

車輪を収納する
無事に離陸したら、すぐに車輪を引きこむ。

しりもち防止の形
離着陸時に機首が上がりすぎると、機体尾部を滑走路面にこすってしまう「しりもち事故」が起きる。それを防止するために、旅客機の尾部はななめに切ったようなデザインだ。

離陸の手順
羽田空港から離陸する場合

*離着陸の進入経路は、滑走路の両端にふられた数字で表す。たとえば羽田空港のC滑走路を北北西から南南東へ離陸する場合、「16L」と表現する（→46）。

操縦士
Tokyo tower, All Nippon 123, Ready for departure.
（東京管制塔、ANA123便は離陸準備完了です。）

管制塔（タワー）
All Nippon 123, Tokyo tower, Wind 160 degrees 4 knots runway 16L cleared for take-off.
（東京管制塔からANA123便へ。風は160°の方向から4ノット〈時速約7.4km〉です。滑走路16L*からの離陸を許可します。）

操縦士
All Nippon 123, Cleared for take-off runway 16L.
（ANA123便、滑走路16Lからの離陸許可を得ました。）

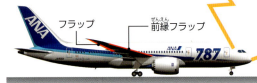

管制塔（タワー）から離陸の許可が出る。フラップや前縁フラップはすでに広げている。

確認のため復唱し、スロットルを前におし出して走りだす。

時速250kmくらいまでスピードを上げる。

飛行機は地上でもジェットエンジンの推力で前進する。そのため基本的にバックはできない。駐機場から誘導路に出るときは、トーイングカーとよばれる特別な自動車によって後ろ向きにおし出されていく。

管制塔の指示で飛ぶ

空港内の飛行機は常に管制塔の指示や許可（航空交通管制という）に従って動き、場所ごとに管制塔の担当者は細かく分かれている。駐機場（❶）でデリバリーからフライトプランの許可が伝えられると、地上の交通整理を受けもつグラウンドに従って滑走路に向かう（❷）。滑走路についたら（❸）、タワーからの離陸許可を待って、いよいよ離陸だ。離陸後（❹）はデパーチャーの指示に従う。

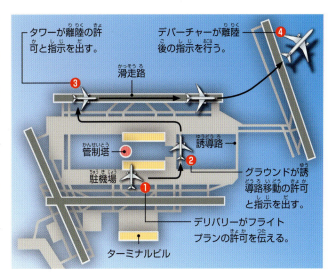

- タワーが離陸の許可と指示を出す。
- デパーチャーが離陸後の指示を行う。
- 滑走路
- 誘導路
- 管制塔
- グラウンドが誘導路移動の許可と指示を出す。
- 駐機場
- デリバリーがフライトプランの許可を伝える。
- ターミナルビル

●ボーイング787
羽田空港で離陸するところ。羽田空港は滑走路が4本あり、1日におよそ1000機以上もの飛行機が離着陸を行っている。

離陸時のエンジン
旅客機は、離陸時にもしエンジンが1基停止しても、安全に離陸できる性能がなくてはならない。

離陸のタイミング

離陸には安全のためのルールがある。離陸を中止できる速度（V1）、機首を上げて地上を離れられる速度（VR）、安全に離陸が続けられる速度（V2）が決められているのだ。滑走路を走っている間、副操縦士が速度計を見ながら「V1！」「VR！」「V2！」と声をかけ、それに合わせて機長は操縦桿を操作する。これらの速度は機体の重さによって変わるため、毎回の飛行ごとに計算される。

- 安全離陸速度 V2
- ローテーション速度 VR
  操縦桿を引いて機首を上げる。
- 離陸決定速度 V1
  ここをこえたら離陸しなければならない。
- 停止！
- 離陸中止！
  「V1」を過ぎてからの離陸中止は、滑走路内で停止できない可能性があり危険だ。

「V1」をこえるまでは、機長の右手はスロットルにかけられている。なにかあったときは、すぐにエンジンの出力を落として停止しなければならないからだ。

離陸
りりく

All Nippon 123, Contact Departure.
（ANA123便、デパーチャーと交信してください。）

Contact Departure, All Nippon 123. Good Day.
（デパーチャーと交信します。ANA123便。さようなら。）

- 昇降舵
- 水平尾翼の揚力は下向きになる。
- 主翼の揚力は上向きになる。

スピードが時速270kmをこえたあたりで操縦桿を引く。昇降舵が上がって機首が上を向き、機体は浮き上がる。

機体が完全に地面から離れ、ある程度の速度と高度に達したら車輪をしまう。飛行機はそのまま上昇し、目的地をめざして水平飛行に移る。

✈ ほとんどの旅客機は、着陸もふくめてオートパイロット（自動操縦）で飛行できるようになっているが、離陸だけはできない。エンジン故障などのトラブルがあったとき、離陸を止める操作が自動ではできないからだ。

飛行機の飛ばし方

巡航 ～快適な空の旅

離陸・上昇を終え、一定の状態で水平飛行することを「巡航」といいます。飛行機が最も安定して飛んでいる状態です。機種や飛行距離によって変わりますが、旅客機の巡航速度はおよそマッハ0.8（時速約980km）前後。巡航高度は、長距離国際線でおよそ1万mの上空を飛びます。機外は地上の5分の1の約0.2気圧に下がり、気温はマイナス50～マイナス60℃になります。

巡航する機内から見られる景色は、飛行機の楽しみのひとつ。旅客機は、最も長い巡航の時間をいかに快適に過ごせるかが重要となるため、機体にさまざまな工夫がこらされている。

巡航のとき、オートパイロットになる

巡航状態になると、飛行機の操縦はオートパイロット（自動操縦）に切り替えられ、パイロットは一息つくことができる。

シートベルトを外せる

シートベルト着用のサインはパイロットが解除する。一定の高度になると、自動的に切り替わる機種もある。

機内サービスも、巡航になってから始められる。

トイレが使えるようになる

巡航中は、立ち上がって機内を移動できるようになるため、トイレが使える。

機外に通じる穴があり、汚水といっしょに吸いこまれる空気を排出する。

弁　トイレ　汚物タンク　パイプ

トイレで流すと後ろまで飛んでいく

旅客機のトイレで用をすませて流すとき「シュポッ」という音がする。これは汚水が機体の後ろにある汚水タンクに吸いとられる音だ。ふつうのトイレのような水洗式だと、大量の水で機体が重くなってしまうため、気圧差で汚水が吸いこまれるようになっている。巡航中の機内は約0.8気圧だが、タンク内は機外と同じ0.2気圧になっている。この気圧差を利用するのだ。

外との気圧差が少ない3000m以下の低空や、空港に駐機しているときのトイレは、電気で動く真空ポンプで吸いとる。

心地よい客室の空気

巡航している飛行機の機外は気圧も温度も低く、とても人間にはたえられる環境ではない。ふつうわたしたちは1気圧の場所で生活しているが、とくに訓練をしていない場合、たえられるのは0.8気圧くらいまでだ。そのため機内の気圧は約0.8気圧まで高めている。これを与圧という。また気温も、過ごしやすい24℃前後に調整している。

機外（高度1万メートル）
気温：-50～-60℃
気圧：約0.2気圧

機内（客室）
気温：22～26℃
気圧：約0.8気圧

- アウトフローバルブ：与圧で使用した空気を機外に出す。機内には常にきれいな空気が送られ、気圧が上がりすぎることもない。
- 空調機
- ダクト
- 外気
- エンジン

空気はエンジンからとりこむ

与圧のための空気はエンジンから入り、圧縮機（→32）を通る。空気は圧縮されると温度が上がって28℃くらいになる。そのままでは熱すぎるため、空調機で適温に冷やしてから客室に送られる。

- 客室内の空気の流れ
- ダクト
- 高圧空気ダクト
- 貨物室にも空気が送られ与圧される

気圧差にたえるがんじょうな機体

与圧した機内の0.8気圧と機外の0.2気圧とでは、気圧差が0.6気圧ある。内側からおす空気の力と、外側からおす力がつり合わず、機体は風船のようにふくらもうとする。このとき、内側から外側に向けておす力は、1m²あたり6トンにもなる。これは座布団くらいの面積に、ゾウ1頭が乗っているのと同じくらいの力だ。飛行機の機体は、これほどの力にたえられるようにつくられている。

電気はどこからきている？

客室の液晶モニタや照明など、飛行機を操縦するための機器以外にも、たくさんの電気が必要になる。この電気は、エンジンで発電機を回すことでつくられている。電気はバッテリーにも充電され、エンジンや発電機が停止したときの補助に使われる。

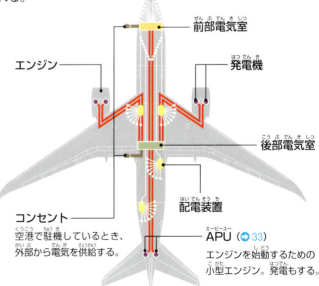

- 前部電気室
- エンジン
- 発電機
- 後部電気室
- 配電装置
- コンセント：空港で駐機しているとき、外部から電気を供給する。
- APU（→33）：エンジンを始動するための小型エンジン。発電もする。

気圧の差を感じてみよう

身近なことで、飛行機内の気圧が変化していることに気づくことができる。

耳が痛くなるのは気圧のせい

飛行機に乗っていると、耳が痛くなることがある。これは機内の気圧が変化するためだ。耳のこまくの内側には中耳という空間がある。飛行機が上昇すると、機内は与圧によって0.8気圧に保たれるが、中耳にある空気は1気圧（地上の気圧）のまま。その中耳の空気が機内と同じ気圧になろうとして、こまくを内側からおすため耳が痛くなるのだ。中耳は耳管で鼻の奥とつながっているため、鼻をつまみながら鼻先に空気を送るようにすると治りやすい。

- 外耳／中耳／内耳／こまく／耳管／鼻・のどへ

おかしのふくろでも気圧がわかる

おかしのふくろを機内に持っていくと、上空ではふくろがぱんぱんにふくらんでしまう。機内は地上より気圧が低くなるのに、ふくろの中の気圧は地上の気圧のままだからだ。

いざというときの風力発電

飛行機には、「ラム・エア・タービン」とよばれる風力発電までついている。エンジンとAPUの両方が止まった場合、機体内から風車を出して、風の力で電気を起こす。翼の各部を動かす操作などは可能だ。

ラム・エア・タービン

✈ 与圧された飛行機内の0.8気圧は、2000～2500mの高さの山と同じくらいの気圧。ちょうど富士山の5合目と同じくらいだ。

飛行機の飛ばし方

着陸 〜ふたたび地上へ

目的地の空港が近づくと、管制塔の下部にあるレーダー管制室で到着機を担当する管制官「アプローチ」の指示に従い、高度を下げて降下します。いよいよ着陸です。アプローチから進入許可が出ると、管制は管制塔の「タワー」に引きつがれ、パイロットは滑走路からの距離や高度を確認し、タワーの指示に従って着陸します。

着陸の手順

羽田空港へ着陸する場合

管制塔（タワー）
All Nippon 123, Report 5miles.
（ANA123便、5マイル通過時に報告してください。）

All Nippon 123, Cleared to land runway 34R, Wind 350 degrees, at 7 knots.
（ANA123便、滑走路34Rへの着陸を許可します。風は350°の方向から風速7ノット〈時速約13km〉です。）

操縦士
Tokyo tower, All Nippon 123, 10miles on final.
（東京管制塔へ、ANA123便です。滑走路まで10マイル〈約16km〉です。）

All Nippon 123, 5miles.
（ANA123便です、5マイルに来ました。）

管制官（アプローチ）から進入許可が出たら、管制塔（タワー）によびかけ便名を名乗る。

5マイル（約8km）通過の報告後、管制塔の指示に従って着陸へ。

機首を少し上げた姿勢で、先に主脚（胴体中央の車輪）を接地させる。エンジンは最も小さい出力にする。

【電波による着陸誘導】

着陸時には、ILS（計器着陸装置）が発信する電波の帯の中を進む。装置には、電波で左右方向のずれをパイロットに知らせるローカライザー、上下方向のずれを知らせるグライドスロープがある。この2種類の電波が交わるところが、安全に着陸できるコースだ。また、3種類のマーカーからは真上に電波が発信されていて、滑走路までの距離を知らせている。

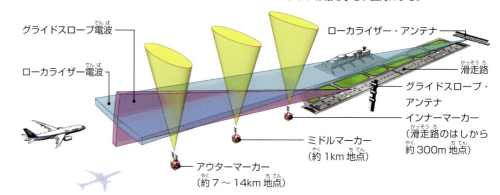

グライドスロープ電波／ローカライザー電波／ローカライザー・アンテナ／滑走路／グライドスロープ・アンテナ／インナーマーカー（滑走路のはしから約300m地点）／ミドルマーカー（約1km地点）／アウターマーカー（約7〜14km地点）

飛行機のブレーキ

飛行機は3種類のブレーキを使って減速する。まず主翼のスポイラー（→21）を立ち上げて空気抵抗を大きくする。次にエンジンの逆噴射装置が吸いこんだ空気を前方にふき出す。さらに車輪には強力なディスクブレーキがついている。

前縁フラップ／スポイラー／フラップ／車輪ブレーキ
ホイールの中に何枚ものディスクがあり、ブレーキをかけると油圧でディスクどうしがおしつけられる。そのまさつでタイヤの回転を止める。

ドアでさえぎる／バイパス流／カウルが開く

逆噴射装置
エンジンのカウル（おおい）が開き、ドアでバイパス流（→32）をさえぎることで、ななめ前方に排気する。

飛行機は、地面に接地するまでは揚力を保たなければならない。そのため、降下するときも着陸するときも、必ず機首は少し上げた状態で行う。

陸
ちゃくりく

着陸に必要な距離は機体の大きさでちがう

飛行機の重量や風速、滑走路の状態によって着陸に必要な距離は変わるが、大型の（重い）旅客機ほど停止するまでの距離は長くなる。目安として大型機で2000～3000m、中型機は1500m、小型のプロペラ機は1000mが必要だ。

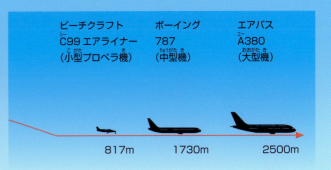

ビーチクラフト C99 エアライナー（小型プロペラ機） 817m
ボーイング 787（中型機） 1730m
エアバス A380（大型機） 2500m

> All Nippon 123, Turn left "C6". Contact Tokyo Ground 118.22.
> （ANA123便へ、「C6誘導路」で左へ曲がり滑走路を出て、グラウンドと周波数118.22MHzで交信してください。）

> All Nippon 123, Roger. Contact Tokyo Ground 118.22.
> （ANA123便です。了解しました。周波数118.22MHzで交信します。）

スポイラー／逆噴射

前脚も接地すると、車輪には自動ブレーキがかかる。エンジンを逆噴射させ、スポイラーも立てて、ゆっくりと減速する。管制がタワーからグラウンドに引きつがれる。

十分に減速したら、このあとは管制塔（グラウンド）の指示に従って滑走路を出る。誘導路を通って駐機場へ向かう。

着陸の順番待ちをすることもある

空港の天候がよくないときや、出発機や到着機が多くて混んでいるときなどは、上空で順番待ちを指示されることがある。これを「空中待機」または「ホールディング」という。飛行機は決められた経路を旋回し続けて、管制塔からの着陸指示を待つ。

高度を変えて空中待機

空中待機の飛行機が多いときは、高度を変えて旋回する。一般には高空から順に高度を下げて旋回し、管制塔は高度の低いものから着陸の指示を出す。

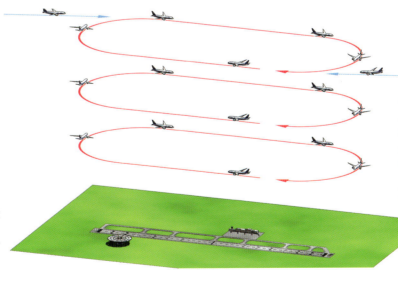

空中待機の場所

空港ごとに空中待機をする場所は決まっている。とくに指示がなければ右回りに旋回し、陸上競技のトラックのようなコースを1周およそ4分で旋回すると決められている。

【着陸はやり直せる】

旅客機が最も危険な状態は着陸のときで、事故のおよそ40％が着陸時に起こっている。安全に着陸するため、着陸は何度でもやり直すことができる。もし乗っている飛行機が着陸をやり直しても、不安に感じることはなく、むしろ安心してよい。また、やり直す高度（決心高度）は空港に設けられたILS（計器着陸装置）の性能によってちがう。カテゴリー（精度）は1～3まであり、霧が出やすい地形にある空港には、視界ゼロでも着陸できるカテゴリー3の装置が設置されている。

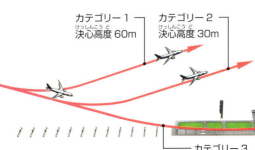

カテゴリー1 決心高度60m
カテゴリー2 決心高度30m
カテゴリー3 視界ゼロでも着陸できる

ゴー・アラウンド

滑走路に着地しても、接地点が奥すぎて、滑走路内に安全に停止できないおそれがある場合は、ふたたび上昇して着陸をやり直す。これを「ゴー・アラウンド」という。

日本でカテゴリー3のILSが設置されているのは、新千歳、釧路、青森、成田、羽田、中部、広島、熊本の8空港。霧が発生しやすく、視界が悪くなりやすいからだ。

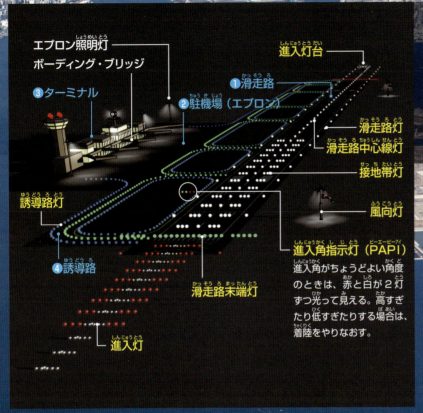

空港のおもな設備

① 滑走路…飛行機が離着陸する場所。空港には必ず１本あり、色や配置などで意味を知らせる航空灯火（黄色い文字の部分）が備えられる。
② 駐機場（エプロン）…飛行機をとめておく場所。
③ ターミナル…乗客が乗り降りする場所。
④ 誘導路…①、②、③を結ぶ道。

● 航空灯火システム
航空灯火とよばれるランプは、視界が悪いときや夜でも安全に離着陸できるよう、パイロットに滑走路の状況を伝える。左図のように、色や配置によって、さまざまな種類がある。

● 整備場（ハンガー）
１か月、１年、４年など、決められた飛行時間ごとに整備場で、分解、点検が行われる。また離陸前には、駐機場で点検、整備が行われる。

● ボーディング・ブリッジ
ターミナルと飛行機を結ぶ設備。飛行機の機種によって出入り口がちがうため、上下左右に自由に動くようになっている。

● ターミナル（ビル）
飛行機に乗降する手続きを行う。レストランや売店、展望台などもある。

旅客機の出入り口は左側

旅客機の乗降は、ほとんど機体の左側のドアから行われる。これは、昔の船のルールのなごりなのだ。古い船は舵が右側についていたため、必ず船の左側を岸につけて乗り降りしていた。時代が移って、船が飛行機に変わっても、そのルールが生き残っているわけだ。空港は、まさに空の「港」なのである。

羽田空港の第１旅客ターミナル。はしからはしまで約840mもあり、24か所の搭乗口を備えている。

飛行機の飛ばし方

飛行機は地上からの指示に従って飛ぶ

飛行機はスピードが速いため、飛行機どうしでぶつかりそうになった場合、パイロットが目で見てから判断していたのでは間に合いません。そのため、パイロットは地上にいる管制官の指示に従って飛行機を操縦します。管制官は強力なレーダーで、常に飛行機を見守っています。

旅客機はほぼ目かくし運転？

旅客機には、近くにいる航空機を見つけるための装置が搭載されているが、技術的には20～48秒後に到達する空域までしか探知できない。パイロットにとって地上の管制官は自分の目の代わりなのだ。

コックピットにある、TCAS（空中衝突防止装置）とよばれる安全装置の画面を日本語にした。電波で近くにいる飛行機を探知できるが、半径約74km以内の飛行機しか探知することができない。

20～48秒後に通る場所（約74km）
15～35秒後に通る場所
すぐに通る場所
注意エリア　警告エリア　衝突エリア

指示はバトンタッチで行う

航空管制官は、札幌・東京・福岡・那覇にある航空交通管制部と各地の空港にいて、レーダーで付近を飛ぶ飛行機を監視している。日本上空から海外へと向かう国際線の航空機は、福岡にある「航空交通管理センター」で監視される。日本を出発しアメリカのニューヨークに向かう場合、福岡、アンカレジ、モントリオールと順に指示を受けていく。

アルハンゲリスク空港
フランス
シャルル・ド・ゴール国際空港
ヨーロッパへ向かう場合、北極海を横断するのではなく、ロシア上空を飛ぶ。
フランス行きの航空路
北極海
ロシア
モントリオールコントロール
ワシントンコントロール
アメリカへ向かう場合、セントポール島や、アリューシャン列島に沿って飛ぶ。
航空交通管理センター
日本
セントポール島空港
アメリカ行きの航空路
ジョン・F・ケネディ国際空港
成田国際空港
アンカレジコントロール
カナダ
アメリカ

どうしてまっすぐ向かわない？
空には航空路（エアウェイ）とよばれる道があり、空港の近くを飛ぶようにひかれている。これは故障などで緊急着陸する際、近くに空港があったほうが安全だからだ。また、航空路には高速道路のインターチェンジのように、ウェイポイントとよばれる地点がいくつもある。

航空路地図に示されたウェイポイント
ウェイポイントは▲で示し、地点名は5文字または3文字のアルファベットで表される。日本とアメリカを結ぶ航空路は5本あり、渋滞した場合はほかのルートを指示されることもある。丸でかこったONEMUという根室沖のウェイポイントは、R580という航空路に属する。

ウェイポイントは、経度・緯度の座標で示される。パイロットは、この数値を入力し、GPS衛星で自機の位置を確かめながらこのポイントに向かう。

高度差を利用してすれちがい
航空路は、高度によって飛ぶ方向が決められている。だから同じ区間を結ぶ飛行機でも、正面衝突しないようになっている。進行方向は300mごとに決められている。

航空路
約300m離れていれば、すれちがいオーケー！

高知県で育った『アンパンマン』の作者、やなせたかしさんにちなみ、高知県のウェイポイントには、「ANPAN」（アンパンマン）、「BIRKN」（ばいきんまん）、「JYAMU」（ジャムおじさん）、「DOKIN」（ドキンちゃん）などの名前がある。

管制
かんせい

案内を担当する区分け

旅客機を案内する担当地区を飛行情報区とよぶ。国際線の場合、日本の空は福岡の航空交通管理センターが担当している。着陸しないで日本上空を横切るだけの飛行機も、ここで管理する。国内線の場合は、札幌・東京・福岡・那覇の管制部がそれぞれ地区を分けて受けもっている。

管制官の仕事

飛行機はレーダーによりとらえられ、モニターに映し出される。管制官はモニターを常に見ていて、問題がある場合は無線を使ってパイロットに伝える。

各地区を担当する管制官は、隣り合う空域も監視している。自分の担当する地区を飛ぶ飛行機が、次の空域に進入しても安全に飛べるように指示を出す。

赤で示した情報は飛行機から送ってきたもの。緑で示した情報は、管制官がパイロットに無線で送った指示だ。無線を使った会話も行われる。

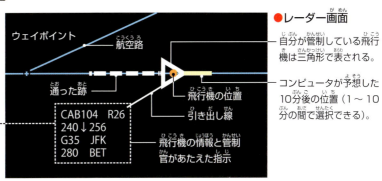

●レーダー画面
- 自分が管制している飛行機は三角形で表される。
- コンピュータが予想した10分後の位置（1〜10分の間で選択できる）。
- ウェイポイント
- 航空路
- 通った跡
- 飛行機の位置
- 引き出し線
- 飛行機の情報と管制官があたえた指示

飛行機から送ってきた情報
1. コールサイン（便名）
2. 上昇中または下降中。矢印が下向きの場合は下降中。
3. 現在の高度。この場合、2万5600フィート（約8000m）
4. 現在の速度。この場合、速度350ノット（時速約650km）。
5. 目的地。この場合、J・F・ケネディ国際空港（アメリカ）。

管制官が送った情報
6. 管制官のメモ。入力できるのは3文字まで。
7. 指示した高度。この場合、2万4000フィート（約7300m）まで高度を下げなさいという意味。
8. 指示した速度。速度を指示する。この場合、280ノット（時速約519km）にしなさいという意味。
9. 指示した進路。この場合、ウェイポイントBET（アラスカ）に向かいなさいという意味。

航空路監視レーダー

日本の空は、空港のレーダーとは別に、21か所にある航空路用の大きなレーダーでカバーされている。レーダーを建設できない海の上は、GPS衛星を使って飛行機の位置を調べている。パイロットとの通話は、別の衛星を使って地上の管制官と結んでいる。

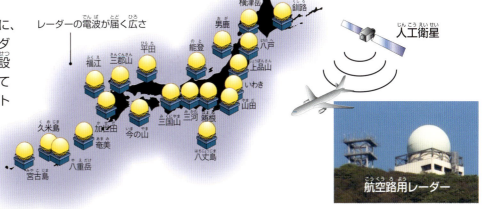

航空管制官は常にモニターで飛行機の監視をしなければならない仕事だ。しかもミスをすると数百人の命が失われてしまうという重い責任をもつ。このため集中力を保ち続けるために、30分から1時間ごとに交代しながら勤務している。

航空機のいろいろ

引っぱられて上昇する

エンジンがないので、ふつうはエンジンのあるほかの飛行機に引かれて離陸する。

グライダー

エンジンがない飛行機で、滑空機ともよばれます。地上からふき上げる「上昇気流」という風にのって高度を上げ、ゆっくりと下りながら前に進みます。主翼が細長く、重量が軽いのも特徴です。

●ヤヌスCe
シェンプヒルト社（ドイツ）の2名乗りグライダー。全長8.6m、翼幅20m、重さ355kg、最高速度は時速250km。

●モーターグライダー
エンジンがあるグライダー。離陸するときや上昇するときだけ、エンジンの推力を使う。プロペラが機首にあるものや、胴体に格納するものがある。

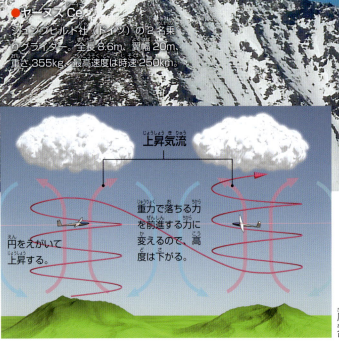

円をえがいて上昇する。

重力で落ちる力を前進する力に変えるので、高度は下がる。

上昇気流を利用して飛ぶ

エンジンのないグライダーが高度を上げるための上昇気流は、山岳地帯や広い平原に発生しやすい。上昇気流をとらえると、円をえがくように高度を上げ、滑空するとまた次の上昇気流を探す。

風が山の斜面にあたって、上昇気流が発生する。広い平原の場合は、太陽熱で温められた空気が上昇していく気流を利用する。

[パラグライダーとハンググライダー]

パラグライダーもハンググライダーも、山の斜面からかけおりて滑空する。ナイロンやポリエステルなどの布でできた翼は、風を受けて揚力を発生する。グライダーと同じように、上昇気流をとらえることで高度を上げ、うまくとらえられないときは滑空して着陸する。

●パラグライダー
滑空能力のあるパラシュートに、すわった姿勢で乗る。

●ハンググライダー
三角形の翼につり下がった状態で乗る。

✈ グライダーの機体は、ガラスせんいやカーボンせんいにプラスチックの樹脂をしみこませた、FRPという材料でできている。軽くて、じょうぶで、どんな形にもできる素材だ。グライダーの重さは、一般に1名乗りで200〜250kg、2名乗りで250〜300kgぐらいだ。

軽量
けいりょう

軽飛行機
けいひこうき

小型で軽量の飛行機を軽飛行機といいます。レシプロエンジンを使ってプロペラを回し、推力にしています。遊覧飛行や空中撮影、レジャーなどに使われます。

●セスナ152
セスナ社（アメリカ）の軽飛行機。全長7.3m、重さ490kg、乗員2名、最高速度時速204km。軽飛行機は、下もよく見えるよう、高翼式（→20）のものが多い。

自動車と同じしくみのエンジンで飛ぶ

軽飛行機はプロペラを推力として前に進む。ターボプロップ機（→34）もプロペラを使うが、軽飛行機のエンジンはほとんどがレシプロエンジン（ピストンエンジン）だ。自動車のエンジンと同じしくみで、シリンダーの中で燃料を爆発させ、ピストンを動かす。その動きを、回転運動に変えて、プロペラを回すのだ。

【プロペラは前向きの「揚力」を生む】

プロペラの羽根の断面は、飛行機の主翼の断面と同じ形をしている。主翼が風を受けて揚力を生んでいるように、プロペラも回転してたくさんの空気を受けることで揚力を生んでいるのだ。

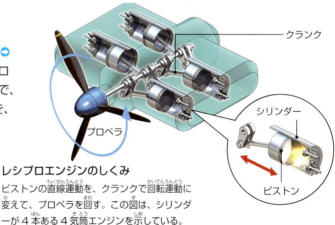

レシプロエンジンのしくみ
ピストンの直線運動を、クランクで回転運動に変えて、プロペラを回す。この図は、シリンダーが4本ある4気筒エンジンを示している。

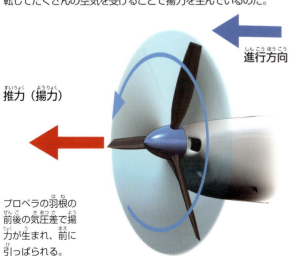

プロペラの羽根の前後の気圧差で揚力が生まれ、前に引っぱられる。

レース用の飛行機のため、ピストン数の多い6気筒エンジン。

シリンダーの配置方法はさまざまだが、クランク軸の両側にシリンダーを並べた「水平対向型」が多い。前がよく見えて、空気抵抗も少ないからだ。

軽飛行機のことを「セスナ機」とよんだりするが、もともとは軽飛行機が大ヒットしたアメリカの飛行機会社セスナ社の社名だ。

航空機のいろいろ

旅客機

人や物を運ぶための飛行機が旅客機です。旅客を安全・快適に目的地まで運ぶことが重要視されます。飛ぶ距離や、運ぶ人数などに応じて、さまざまな大きさの旅客機があります。

ビジネス機

会社が社員を目的地に運ぶために使う小型の航空機。定員は数名から10数名ほど。小型のターボファンエンジン（→32）2基を備えたジェット機が多く、大型旅客機とほぼ同じ速度で巡航できる。燃料もたくさん積むことができて長い距離を飛べるため、海外などにも行ける。

●ホンダジェット
日本の本田技研工業が開発したビジネスジェット機。主翼の上面にエンジンがあるのが特徴で、主翼の下にエンジンを積む方式より、胴体の内部を30％以上も拡大できた。最高速度は時速778km、航続距離は2185km、定員はパイロットを含め7名。

小型旅客機

定員が100名以下の旅客機。短い距離を飛ぶために開発された飛行機で、国内線や近距離の国際線で使われる。ターボファンエンジンよりも、低速での燃費がいいターボプロップエンジン（→34）が使われることが多い。

●エンブラエル190
エンブラエル社（ブラジル）が開発した小型旅客機。ターボファンエンジンを2基搭載し、最高速度はマッハ0.82（時速約1005km）、定員は最大114名、航続距離は3000km。

●ボンバルディア Q400
ボンバルディア社（カナダ）の小型旅客機。日本でも国内線や離島を結ぶ便で使われている。ターボプロップエンジン2基を備え、最高速度は時速667km、定員は67〜90名、航続距離は2522km。

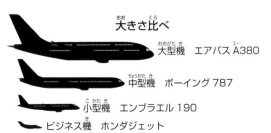

大きさ比べ
- 大型機　エアバスA380
- 中型機　ボーイング787
- 小型機　エンブラエル190
- ビジネス機　ホンダジェット

✈ 小型旅客機はリージョナルジェットともよばれ、カナダのボンバルディア社と、ブラジルのエンブラエル社のものが多い。中国やインドなど産業がさかんになる国が増え、小型機をひんぱんに飛ばしたほうが使いやすいことなどから、これから数多く必要とされることが予想されている。

● エアバス A380
最高速度：マッハ 0.89（時速約 1090km）
定員：最大 853 名　航続距離：1 万 5200km

● エアバス A350XWB
最高速度：マッハ 0.89（時速約 1090km）　定員：最大 440 名
航続距離：1 万 5200km

● エアバス A330
最高速度：マッハ 0.86（時速約 1054km）
定員：最大 406 名　航続距離：1 万 3450km

大型旅客機

定員が 300 名以上の旅客機。おもに外国までの長い距離を飛ぶ国際線や、国内の大都市を結ぶ路線に使われる。定員 500 名以上の超大型旅客機もあるが、機体が大きくて飛ばすための費用も大きくなるため、人気のある路線で使われることが多い。

エアバス社（ヨーロッパ）の大型旅客機。手前から A330、A350XWB、そして超大型機の A380。どれも客室内通路が左右に 2 本あり、座席が横に 7～10 列並ぶ「ワイドボディ機」とよばれる機体だ。

中型旅客機

定員が 100～300 名程度の旅客機。国内線で最も活躍する。通路が中央に 1 本だけで、座席が横 6 列以下の「ナローボディ機」のものもある。

● ボーイング 787 ドリームライナー
ボーイング社（アメリカ）の中型旅客機。ワイドボディ機で、中型機のわりに航続距離が長い。最高速度はマッハ 0.85（時速約 1041km）、定員は 210～300 名、航続距離は 1 万 5700km。

【2 階建てなのに 3 階もある？】

製造中のエアバス A380 の胴体。世界初の全席 2 階建てという超大型旅客機だが、断面を見ると 3 階建てに見える。じつは、いちばん下の空間は貨物室だ。旅客機は乗客の手荷物以外に、貨物も大量に運んでいる。

客室の下は貨物室

旅客機下部の貨物室は、運ぶ荷物の重量によって、積みこむ位置が指定される。重心ができるだけ機体の真ん中になるよう、計算してから積みこまれる。下の写真は、離陸前に貨物室に荷物を運び入れているところだ。

主翼をはさんだ前後に貨物室がある。

積み下ろし口（両方にあるが、おもに右側を使用）

バルク室（おもに乗客の荷物やペットなどを乗せる）

貨物室の気圧は、外と同じ？

びんやペットボトルなどの荷物が、気圧の影響で破裂しないよう、貨物室も与圧（→43）されている。またペットなどの動物を運ぶこともあり、新鮮な空気が送られている。貨物室内の気温は約 10℃、ペットがいる場合はその区画のみ約 20℃ に設定される。

現在、大型旅客機から小型旅客機まで、すべての機種を開発・製造している総合航空機メーカーは、アメリカのボーイング社と、ヨーロッパの連合会社であるエアバス社の 2 社だけだ。

航空機のいろいろ

貨物輸送機

胴体はすべて貨物を積むためのスペースになっていて、客席はまったくありません。旅客機をもとに改造されたものも多いですが、客室にあたる部分の窓はありません。

巨大な貨物室の独特な外見から、おでこがもりあがった「ベルーガ（シロイルカ）」の愛称がつけられた。

● エアバス A300-600ST ベルーガ

エアバス A300 を改造してつくられた貨物輸送機。大きな貨物も運べるようにふくらんだ胴体が特徴で、胴体幅 7.1m は世界最大。積載量は 47 トンで、航続距離は 2779km（積載量 40 トンのとき）、最高速度はマッハ 0.82（時速約 1005km）。

貨物の積み下ろし口は、コックピットの上にある。おもに、ヨーロッパ各地の工場でつくられたエアバス機のパーツを最終組み立て工場に運ぶために使われ、「飛行機をつくるための飛行機」ともいわれる。

● ボーイング 767-300F（フレイター）

ボーイング 767 を改造してつくられた貨物輸送機。貨物専用の輸送機を「フレイター」という。
積載量は 67 トン、航続距離は 6056km、最高速度はマッハ 0.8（時速約 980km）。

リフトでもち上げられた貨物を、機体横のカーゴドアから積みこむ。貨物室の床には、貨物を動かしやすいようにレールやローラーがついている。

✈ エアバス A300-600ST ベルーガは、人工衛星やヘリコプター、展覧会のための美術品や古代遺物、災害地への救援物資を輸送するために使われたことがある。

輸送 ゆそう

●アントノフ An-225 ムリーヤ

アントノフ社（ウクライナ）が開発し、1989年から使われている。6基のエンジンをもつ、世界最大の大型貨物輸送機で、世界に1機しか存在しない。積載量は世界一の250トン、航続距離は1万5400km、最高速度は時速850km。

貨物室は長さ43m、幅6.4m、高さ4.4m。最大離陸重量（離陸できる総重量）600トンなど、240もの世界記録がギネスブックに登録されている。

●ボーイング 747-400F（フレイター）

「ジャンボジェット」の愛称で知られる旅客機ボーイング747を改造した貨物輸送機。もともとボーイング747は貨物機として開発されたため、荷物の積み下ろしのためにコックピットが機体上部にある。旅客機としては数を減らしたが、貨物機としては今も大活躍中だ。積載量は120トン、航続距離は7850km、最高速度はマッハ0.85（時速約1041km）。

貨物の積み下ろし口は、コックピットの下にある。操縦室が上にあり、鼻をつきだしたような機首の形は、機体の前から荷物を出し入れするための設計だ。

2010年、中央アメリカのハイチで地震が起きたあと、日本はムリーヤをチャーター（借りること）して、重機や大型トラックなど約108トンをハイチに輸送した。また2011年の東日本大震災後は、フランス政府がムリーヤをチャーターして、日本に150トンの救援物資を届けた。

航空機のいろいろ

軍用機

世界各国の軍隊や、日本の自衛隊で使用している航空機を軍用機といいます。戦闘機や爆撃機、早期警戒機などさまざまな種類があります。旅客機とちがって、快適さより速さや運動性能が重視されます。

戦闘機

空で戦うための飛行機で、機体のほとんどをエンジンがしめる。最高速度は音速をこえ、きびきびと動くことができる。1名しか乗れないものが多く、荷物も運べないが、ミサイルなど強力な武器を備えている。また、敵に見つかりにくくなるステルス性能も重要視される。航空機以外の軍艦などを攻撃する戦闘機は攻撃機ともよばれる。

後縁フラッペロン
フラップとエルロンの機能をあわせもつ。揚力を増し、横方向の回転に用いる。

● 川崎 T-4
航空自衛隊で使っている練習機。すべてが日本でつくられた飛行機で、機体は川崎重工業が、エンジンは IHI が開発した。乗員2名、全長13m、最高速度マッハ0.91（時速約1115km）。

教官（先生）がいっしょに乗るため座席が前後に並んでいる。前が練習生、後ろが教官の席だ。後席でも操縦できる。

練習機

軍用機のパイロットを育てるための訓練用の飛行機。低速のプロペラ機から、音速に近い速度が出せる機体まで、訓練の段階に応じた種類がある。

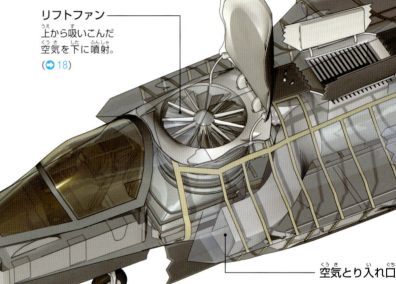

リフトファン
上から吸いこんだ空気を下に噴射。
(→ 18)

空気とり入れ口

レーダー・アンテナ

早期警戒機

機体の上にロートドームとよばれる巨大なレーダーを積んでいて、空中から軍用機に指示を出したり、敵の軍用機やミサイルなどを探知したりする。

直径9mのロートドーム。回転して360度のレーダー監視を行う。

空中給油機

空を飛びながら軍用機に燃料の補給ができる飛行機で、タンカーともよばれる。機体のほぼ半分は燃料タンクで、そこから管を出して給油する。

給油用のパイプ。約6m。

● KC-767
旅客機のボーイング767を改造したもので、航空自衛隊で使用している。機体の下に5台のカメラがついていて、給油を確認できる。乗員4名、全長48.5m、積載量30トン、最高速度マッハ0.84（時速約1029km）。

● E-767
旅客機のボーイング767を改造したもので、航空自衛隊で使用している。乗員4名、全長49m、最高速度マッハ0.84（時速約1029km）。

✈ アメリカと日本の軍用機の名前のつけ方には決まりがある。戦闘機は英語で「Fighter（ファイター）」なので「F」、練習機は「Trainer（トレーナー）」の「T」、空中給油機は「Kerosene（燃料のケロシン）」と「Cargo（積み荷を意味するカーゴ）」の「KC」などが機体名の最初につくのだ。

軍事

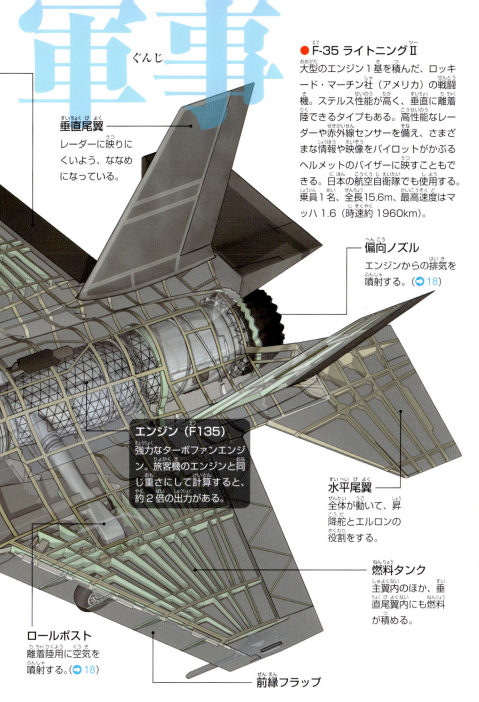

垂直尾翼
レーダーに映りにくいよう、ななめになっている。

偏向ノズル
エンジンからの排気を噴射する。(→18)

エンジン（F135）
強力なターボファンエンジン。旅客機のエンジンと同じ重さにして計算すると、約2倍の出力がある。

水平尾翼
全体が動いて、昇降舵とエルロンの役割をする。

燃料タンク
主翼内のほか、垂直尾翼内にも燃料が積める。

ロールポスト
離着陸用に空気を噴射する。(→18)

前縁フラップ

● **F-35 ライトニングⅡ**
大型のエンジン1基を積んだ、ロッキード・マーチン社（アメリカ）の戦闘機。ステルス性能が高く、垂直に離着陸できるタイプもある。高性能なレーダーや赤外線センサーを備え、さまざまな情報や映像をパイロットがかぶるヘルメットのバイザーに映すこともできる。日本の航空自衛隊でも使用する。乗員1名、全長15.6m、最高速度はマッハ1.6（時速約1960km）。

【レーダーに映らないステルス機能】

敵のレーダーに見つからないようにつくられた飛行機を、ステルス機（→25）とよぶ。ステルスとは「こっそりする」という意味だ。レーダー波を反射しない形や、電波を吸収する塗装などがほどこされている。

レーダーのしくみ
レーダーは電波を放って、はね返ってきた電波をモニターに映し、敵を発見する。

❶レーダーから電波を発射。
❷機体に反射。
❸戻ってきた電波を観測。

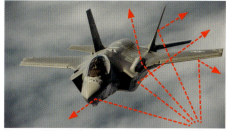

F-35の胴体や尾翼は、レーダー波をちがう方向にはね返すような角度になっている。ほかにもレーダー波吸収剤を機体にぬるなど、高いステルス性能があって、レーダーに映ってもカブトムシぐらいの大きさにしか見えないといわれる。

アメリカの航空母艦ロナルド・レーガンと艦載機。短い距離で離陸するため、甲板には蒸気で動く発射装置（カタパルト）がある。

艦載機
航空母艦（空母）とよばれる、甲板が滑走路のようになった船に離着陸する飛行機。船の上は空間が限られているため、1機種でいくつもの役割をこなせる「マルチロール機」とよばれる機体が多い。

● **F/A-18 ホーネット**
マクドネル・ダグラス（現ボーイング）社（アメリカ）の戦闘機。機体の尾部にフックがついていて、着艦するときに甲板に張られたワイヤーに引っかける。ホーネットはスズメバチという意味。

艦内に多くの艦載機をしまうため、主翼が折りたためる。

敵のレーダーに映らないステルス機は、味方の管制官からも確認できず、管制官が旅客機などとぶつけてしまう危険性がある。そのため作戦行動中以外のステルス機は、リフレクターとよばれる反射装置をとりつけて、わざとレーダーに映りやすくしている。

航空機のいろいろ

水上機 （すいじょうき）

すいりく

水面から離着水できる飛行機です。滑走路のない離島への交通や、ヘリコプターでは航続距離のたりない外洋での海難救助などに使われます。また山火事などの大規模火災時に、海や湖に着水して機内タンクに水をため、現場上空で放水する消防飛行艇としても活躍しています。

— 補助フロート

水しぶきがプロペラやエンジンにかからないように、溝がほってある。

● US-2型救難飛行艇
日本の新明和工業が開発し、海難事故の救助活動のために海上自衛隊が使っている。波の高さ3mもの荒波（機体のおよそ3分の1の高さ）に離着水できるのは、世界でもこの機種だけだ。全長33.3m、航続距離約4500km、最高速度時速580km。

飛行艇

飛行機と船が合体したような航空機。胴体の底が船のようになっていて、海や湖に離着水できる。水面で安定するために、主翼の下に補助フロートを備えている。また大型のものは、格納式の車輪を備えていて、陸上からも発着できる水陸両用タイプが多い。

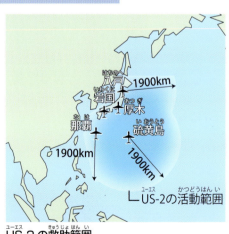

機体底面は船のような形をしている。

格納できる車輪

飛行場のない離島での急病人を運ぶこともできる。パイロットのほか、救護員などが乗りこみ、救護人用のベッドも11床、用意されている。

フロート水上機

車輪の代わりにつけられたフロート（浮き船）によって、水面から離着水できる飛行機。機体自体が水に浮く飛行艇とちがって、フロートだけで機体を支えなければならないため、ほとんどは小型機。

島の多い地域の交通や、観光地の遊覧飛行に使われることが多い。

● DHC-6 ツイン・オッター
ボンバルディア社（カナダ）の小型旅客機。車輪をフロートに取り替えることで水上機となる。スキーに取り替えれば雪上機にもなる。全長15.8m、乗客数20名、最高速度時速314km。

US-2の救助範囲
海に囲まれた日本ではUS-2の活躍の機会も多い。行動半径は約1900km。ヘリコプターでは遠すぎる島でも、ヘリコプターの倍のスピードで行くことができる。

水上機のほとんどがプロペラ機だ。空気とり入れ口の大きなターボファンエンジンでは、離着水時の水しぶきがエンジン内に入ってしまうからだ。

ドローン（マルチコプター）

本体の速度や高度、向き、かたむき、気圧などのセンサーを内蔵。さらに機体底面にある垂直カメラに写る地上の映像などをもとに、機体を安定させる。

高性能のコンピュータによって、モーターやカメラの制御、通信などを行う。

ドローンとは、本来は人が乗っていない航空機のことです。近年は、3基以上のローター（回転翼）をもち、無線で操作する「マルチコプター」とよばれる小型の無人機をさすことが多くなっています。飛行機やヘリコプターより操作がかんたんで、安定して飛ばすことができるので、おもちゃから宅配便の輸送まで、はば広い使い道が考えられています。

● パロット・ビーバップ・ドローン
4基のモーターとローターを備えた、パロット社（フランス）のドローン。本体にはカメラがついていて、空中撮影もできる。全長28cm、重量400g、最高速度は時速11.1km。

スマートフォンやタブレットで操作でき、手元の画面でカメラの映像を見ることができる。

【ローターを個別に動かして飛ぶ】

マルチコプターは、ローターの揚力によって空中に浮き上がる。ヘリコプター（→16）と同じしくみだ。しかしマルチコプターのローターは、3基以上ある（4基のものが多い）。それぞれのローターの回転速度を調節することで、上下の移動、前後左右への移動、その場での回転（方向転換）を行う。

上下の動き
4基のローターすべての回転速度を上げると上昇。下げると下降する。

隣り合うローターは、逆回転している。すべて同じ方向だと、ローターの回転の反動で、本体が逆回りに回転してしまうからだ。

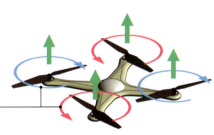

前後左右の動き
片側2基のローターだけ回転速度を上げる。上げたほうだけが持ち上がり、機体をかたむけながら進む。

回転速度を上げたローターだけ揚力が増す。

回転の動き
対角線上にある、同方向に回転するローター2基だけ、回転速度を上げる。その反動で、本体は回転速度を上げたローターと反対の方向に回転する。

ドローンを利用した宅配実験

アメリカでは、ドローンを使って荷物を30分以内に配達するための実験が行われている。

この箱に届ける荷物を入れる。5ポンド（2.3kg）まで運べる。

ドローンは遊びや宅配のほかにも、さまざまな使い道が考えられている。災害地や火山など、人が入れない危険地帯での調査にも役立つ。警備や防犯のための監視や、人が入れない貴重な遺跡や洞窟などの調査や撮影、スポーツやレースの中継などにも期待が集まる。

航空機のいろいろ

飛行船

空気より軽いヘリウムガスなどを、機体のほとんどをしめるエンベロープ（ガスぶくろ）につめて、その浮力で空を飛ぶ航空機です。旅客運送や軍事用としては、急速に進歩した飛行機にその座をゆずりましたが、省エネルギーで大気汚染が少なく、長時間ゆっくりと飛ぶことができる長所を生かして、広告宣伝や遊覧飛行などで活躍しています。

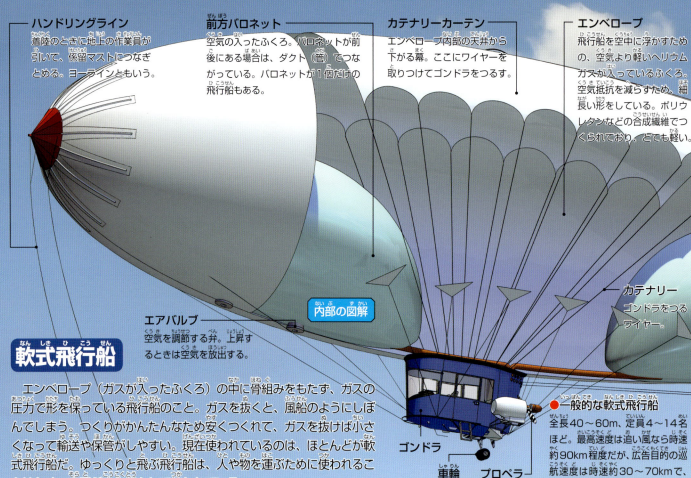

ハンドリングライン
着陸のときに地上の作業員が引いて、係留マストにつなぎとめる。ヨーラインともいう。

前方バロネット
空気の入ったふくろ。バロネットが前後にある場合は、ダクト（管）でつながっている。バロネットが1個だけの飛行船もある。

カテナリーカーテン
エンベロープ内部の天井から下がる幕。ここにワイヤーを取りつけてゴンドラをつるす。

エンベロープ
飛行船を空中に浮かすための、空気より軽いヘリウムガスが入っているふくろ。空気抵抗を減らすため、細長い形をしている。ポリウレタンなどの合成繊維でつくられており、とても軽い。

エアバルブ
空気を調節する弁。上昇するときは空気を放出する。

内部の図解

カテナリー
ゴンドラをつるワイヤー。

ゴンドラ
車輪　**プロペラ**

軟式飛行船

エンベロープ（ガスが入ったふくろ）の中に骨組みをもたず、ガスの圧力で形を保っている飛行船のこと。ガスを抜くと、風船のようにしぼんでしまう。つくりがかんたんなため安くつくれて、ガスを抜けば小さくなって輸送や保管がしやすい。現在使われているのは、ほとんどが軟式飛行船だ。ゆっくりと飛ぶ飛行船は、人や物を運ぶために使われることはなく、空飛ぶ広告塔として使われている。

●**一般的な軟式飛行船**
全長40〜60m、定員4〜14名ほど。最高速度は追い風なら時速約90km程度だが、広告目的の巡航速度は時速約30〜70kmで、10時間以上滞空できる。

半硬式飛行船

エンベロープ内に、キールとよばれる骨組みがあるものを半硬式飛行船とよぶ。現在、飛行しているのは「ツェッペリンNT」という機種だけで、遊覧飛行やイベントなどに使われている。

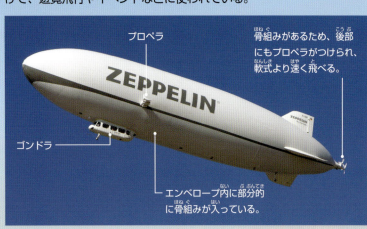

プロペラ
骨組みがあるため、後部にもプロペラがつけられ、軟式より速く飛べる。
ゴンドラ
エンベロープ内に部分的に骨組みが入っている。

●**ツェッペリンNT**
ツェッペリン飛行船技術社（ドイツ）製の半硬式飛行船。全長75m、乗員2名、乗客12名、最高速度時速125km。

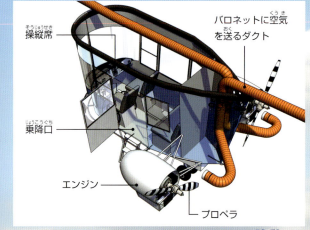

操縦席
バロネットに空気を送るダクト
乗降口
エンジン
プロペラ

【**ゴンドラの構造**】
ゴンドラには操縦席と、乗客の座席がある。また推力を生むためのプロペラやレシプロエンジン（→51）、燃料タンクなども積まれている。

飛行機がまだ長距離を飛ぶことのできなかった20世紀の前半、飛行船は旅客航空機として活躍していた。当時は70名乗りの機種も開発され、たくさんの人を乗せて大西洋や太平洋を横断していたのだ。

【空気の重さを利用して操縦する】

飛行船は機体のかたむきを変えることで上昇・下降を行う。エンベロープ内の前後に、空気の入ったバロネットというふくろがあり、どちらかをふくらませると、空気はエンベロープ内のヘリウムガスより重いので、機体がかたむくしくみだ。空気は、プロペラによる風をダクトで送りこんでいる。

テールフィン
飛行船の尾翼。上下左右に4枚ある。

方向舵（ラダー）
上下のテールフィンについている。

揚力 / 昇降舵を上げる / ふくらませる

昇降舵を上げると、機首が上を向き、揚力が大きくなる。後方バロネットをふくらませると、空気の重みでかたむいた姿勢を保てる。

前後のバロネットを同じ大きさにして、水平姿勢を保つ。

昇降舵を下げると、機首が下を向き、揚力も下向きになる。さらに前方バロネットをふくらませる。

機首が上がる / 昇降舵を下げる / 機首が下がる / 揚力 / ふくらませる

昇降舵（エレベータ）
左右のテールフィンについている。

エアバルブ

後方バロネット

ハンドリングライン
地上の作業員が引っぱる

【離着陸時は人力で移動】

飛行船の離着陸は、地上のスタッフがハンドリングラインを引っぱって移動させる。地上にとめておくときは、係留マストという金属の棒につないでおく。飛行船は浮かんだ状態なので、風によって360°動いてしまうが、無理に固定せず、動くことで風の力を逃がしている。そのため広い場所が必要になる。

係留マスト

熱気球

温かい空気が上昇する性質を利用した航空機。球皮とよばれる、ふくらませた布の中の空気を、バーナーで熱する。熱くなった空気は膨張して密度が下がるため、外の空気より軽くなって、バスケットをもち上げることができる。

リップライン
球皮の頂上部にある空気の排気弁を開閉して、上昇、下降をする。

バーナー
（プロパンガス）

バスケット

球皮
バーナーで空気を温める。

移動は風に乗って

熱気球には推力がないため、基本的に移動は風まかせだ。ただし、空中は高度によって風向きや風力がちがうため、それを利用して目的地に向かうこともできる。

風の向き
高度を変えて、行きたい方向にふいている風をとらえる。

地上から約20kmの高さの成層圏を巡行する、「成層圏プラットホーム飛行船」の開発が各国で行われている。おもに通信や放送、地球観測などの基地として使用できる。人工衛星より費用が安く、また長期間上空にとどまっていられるため、いつでも利用できる。

航空機のいろいろ

ロケット

ロケットは、空気を利用した「揚力」を使わず、「推力」だけで進みます。また、ロケットエンジンは、飛行機のジェットエンジンのように空気を吸いこむ必要もありません。そのため、空気のない宇宙まで飛び出して、飛行することができます。

推力 すいりょく

重さのほとんどが燃料

ロケットは、燃料を燃やしてできた大量のガスを後方にふき出して飛ぶため、燃料が大量に必要となる。さらに、空気（酸素）のない宇宙でも燃料を燃やすために酸化剤（酸素のもとになる物質）も積んでいる。燃料を使い切ると、いらなくなった燃料タンクなどは切りはなし、捨てられる。

燃料比のちがい
ジェット旅客機の燃料の重さは50％以下だが、ロケットは重量の90％くらいが燃料の重さになる。

（ロケット／ジェット旅客機／船／自動車／ディーゼル機関車）

凡例：燃料　エンジン　積み荷　本体

燃料は2種類ある

液体燃料で飛ぶロケットを「液体燃料ロケット」、固体燃料で飛ぶロケットを「固体燃料ロケット」とよぶ。SLSのような大型ロケットでは、液体燃料と固体燃料の両方が使われる。液体燃料がおもなエネルギー源で、その補助として固体燃料を用いるのだ。

●アメリカのSLSロケット

国際宇宙ステーション（ISS）に宇宙飛行士を運ぶためにつくられたロケット。4名の宇宙飛行士を宇宙に運ぶことができる。

- 宇宙飛行士が乗りこむカプセル。宇宙から地球に戻ってくるときにも使う。帰りは地球の重力を利用するので、燃料はわずかですむ。
- 2段目のロケットエンジンのための燃料タンク。
- 酸化剤タンク。液体酸素がつめられている。
- 液体燃料タンク。おもに液体水素がつめられている。
- 固体燃料タンク。おもに過塩素酸アンモニウムがつめられている。
- 1段目のロケットエンジン。
- 2段目の液体燃料ロケット。宇宙で切りはなされる。
- 1段目の液体燃料ロケット。宇宙に入ったあたり（150〜190km）で切りはなされる。
- 2段目のロケットエンジン。
- ロケットブースター（固体燃料ロケット）。打ち上げ直後の推力を増加する。空中で切りはなされる。
- ロケットブースターのエンジン。

液体燃料ロケットのしくみ

混ぜると爆発をする2種類の液体を混ぜて、動力源とする。おもに液体水素やケロシン（灯油）と液体酸素が使われる。液体水素やケロシンは液体燃料、液体酸素は酸化剤とよばれる。

- 液体酸素
- バルブ　タンクから出す燃料の量を調節する。
- 液体水素、またはケロシン
- エンジン　エンジンの中で2種類の液体を混ぜる。エンジンには噴射口という穴があいており、そこから燃焼ガスをふき出す。
- 燃焼ガス

燃料を混ぜる量を調節して、推力の大きさを加減できる。異常があったら燃焼を止めることも可能。

液体酸素は超低温なので、機械がこおらないように、発射直前にタンクに注入する必要があり、つくりおきができない。

✈ 人工衛星を決められた場所に運んだり、国際宇宙ステーションとドッキングするためには推力を細かく調整する必要がある。しかし、打ち上げ直後の地球から遠ざかるときには、さほど正確さは要求されない。このため、ロケットブースターには構造が簡単で安くできる固体燃料ロケットが使われる。

大気圏を抜けようとするSLSロケット。すでに固体燃料ロケットは切りはなしている。

飛行機をはるかにこえるスピード

ロケットが、人工衛星を地球のまわりを回る軌道にのせる場合は、秒速7.9km（時速2万8440km）の速度が必要。地球の重力を脱出し、月や惑星に向かうには秒速11.2km（時速4万320km）の速度が必要となる。

ロケット飛行機

はじめて音速を突破した飛行機はロケット飛行機だった。ジェットエンジンの力がまだ強くなかったので、まずはロケットエンジンによるスピードの挑戦が始まったのだ。写真はベル社（アメリカ）製のX-1。1947年10月14日、チャック・イェーガー操縦士により、マッハ1.06（時速約1299km）を記録した。

●ベル X-1
胴体内にロケットエンジンを4基備えた実験機。全長9.4m、乗員1名、最高速度記録マッハ1.45（時速約1776km）。

固体燃料ロケットのしくみ

火をつけると爆発的に燃える物質をつめて燃焼させる。しくみはロケット花火と同じだ。燃料には、おもに過塩素酸アンモニウムという物質が使われる。過塩素酸アンモニウムは熱すると酸素を発生するので、空気のない宇宙でも燃焼ガスを発生させられる。

燃料は真ん中に穴があくようにつめられている。穴があったほうが燃焼する面積が増えるからだ。

部品の数が少なく構造がかんたんで、安くつくることができる。燃料の保存もしやすい。

時間がたつと燃焼面は奥へと進み、やがて燃えつきる。

燃料

一定の強さで燃え続けるため、細かい推力の調整がしにくい。また、一度火をつけると消すことがむずかしい。

燃焼ガス

航空路をさける

使い終わったロケットなどは、航空路ではない場所に落とされる。また、ロケットの打ち上げ時間は早くから発表され、管制官は航空機が発射場に近づかないように案内する。

ロケット・ブースター落下予想区域
衛星フェアリング落下予想区域
種子島宇宙センター
第1段落下予想区域

地球の自転の速度を利用するため、ロケットは東向きに打ち上げられる。ロケットは東に進むにつれて高度を上げていくので、高い場所から落ちてくる部品ほど、風の影響などを受けて誤差が増す。

日本のイプシロンロケットは、固体燃料を使った3段式ロケットだ。人工知能をもたせ、打ち上げをかんたんにして費用をおさえられるようになった。また、

● 監修
飛田 翔

● 協力
ANA（全日本空輸）
JAL（日本航空）
GE（ゼネラル・エレクトリック）
シンガポール航空
ボーイング ジャパン
メットライフ生命
Airplane-Pictures.net（高見澤利彦）
Charlie FURUSHO

● 写真・資料協力
Airbus
Boeing
Honda Aircraft Company
JAXA
NASA
U.S. Air Force
U.S. Army
U.S. Marine Corps
U.S. Navy
U.S. Department of Defense Current Photos
U.S. Naval Forces Central Command/
U.S. Fifth Fleet Follow
U.S. Pacific Fleat
airlines470
Airwolfhound
ALEC HSU
Alec Wilson
Andre Nordheim
Anhedral
Anna Zvereva
Anthony Quintano

Geoffrey Lee, Planefocus Ltd
Graphic55/Shutterstock
Grzegorz Jereczek
InsectWorld/Shutterstock
IQRemix
Ismael Jorda
JangSu Lee
Jaochainoi/Shutterstock
JL Johnson
Joao Carlos Medau
John5199
Jorge Gonzalez
Jun Seita
Karlis Dambrans
kazuyuki uemura
Keisuke Nakayama
ken H
Koba Vasily
Lorenzo Giacobbo
Maelick
Masakatsu Ukon
Matthew Allen Hecht
Michael Pereckas
Mike Fuchslocher/Shutterstock
Mikko Heiskanen
mrhayata
Muhammad ECTOR Prasetyo
Noriko YAMAMOTO
nubobo
Office of Naval Research
PanzerVor
PH-EIK
Plane Spotter NL
rcbodden
Sarah Ward
Sascha Wenninger

● 装丁・本文デザイン
杉山伸一

● 図版
細江道義　小島康治　原田敬至

● 校閲
小学館出版クォリティーセンター
小学館クリエイティブ

● 構成
伊藤康裕　小野弘明　宗形 康（小学館クリエイティブ）
泉田賢吾

● 編集
秋窪俊郎　髙成 浩（小学館）

● 制作
望月公栄（小学館）

● 資材
木戸 礼（小学館）

● 宣伝
野中千織（小学館）

● 販売
筆谷利佳子（小学館）

Artyom Anikeev/Shutterstock
Austrian Airlines
Ben Stanfield
Bill Abbott
Bill Larkins
Binder.donedat
BoyerAir
Brian Gratwicke
BriYYZ
Chris Devers
Chris Parypa Photography/Shutterstock
Chris Price
Chris Sansenbach
Daisuke tashiro
Daniel Betts
DARIUSZ SIUSTA
David Martyn Hunt
Dean Morley
Dennis Janssen
Dmitry Kalinin
DRF Luftrettung
ecksunderscore
f9photos/Shutterstock
FotoRequest/Shutterstock

Sergio Magpie
SJByles
skinofstars
Stanislaw Tokarski/Shutterstock
Steve Morris
Steve Slater
Stuart Lawson
UNMEER
v.schlichting/Shutterstock
Webzooloo
William Murphy
woinary
航空自衛隊
国土交通省
新明和工業
本田技研工業
アフロ
アマゾンジャパン
鴨川シーワールド
知念悦子
フォトライブラリー
細江道義
ホフマンジャパン
渡辺真史

キッズペディア アドバンス なぞ解きビジュアル百科
航空機のひみつ

ISBN978-4-09-221118-6　NDC031

2016年 6月27日　初版第1刷発行
2024年12月 7日　　　　 第6刷発行

発行者／野村敦司
発行所／小学館
〒101-8001　東京都千代田区一ツ橋2-3-1
（電話）編集 03-3230-5449
　　　　販売 03-5281-3555
印刷所／TOPPANクロレ株式会社
製本所／牧製本印刷株式会社

©2016 Shogakukan　Printed in Japan

○造本には十分注意しておりますが、印刷、製本など製造上の不備がございましたら「制作局コールセンター」(フリーダイヤル 0120-336-340)にご連絡ください。(電話受付は、土日・祝休日を除く 9：30～17：30)
○本書の無断での複写（コピー）、上演、放送等の二次利用、翻案等は、著作権法上の例外を除き禁じられています。
○本書の電子データ化などの無断複製は著作権法上の例外を除き禁じられています。代行業者等の第三者による本書の電子的複製も認められておりません。

航空機の進歩に

レオナルド・ダ・ビンチ
1452～1519年　[イタリア]

絵画「モナ・リザ」を描いたことで有名な芸術家。その才能は芸術だけにとどまらず自然科学の分野でも発揮され、解剖学や土木工学、機械工学など、広い分野の手書き原稿やスケッチが残されている。ハンググライダーやヘリコプターのような航空機のスケッチも作成している。

ヘリコプターを思わせるスケッチ。

ジョセフ　ジャック

モンゴルフィエ兄弟
ジョセフ 1740～1810年　ジャック 1745～1799年　[フランス]

ジョセフ（兄）とジャック（弟）の兄弟。発明家。けむりが立ち上るようすから気球のヒントを得たといわれる。1783年には、熱気球による人類初飛行に成功した。この功績から、フランス語では熱気球のことをモンゴルフィエールとよぶ。

モンゴルフィエの熱気球。

ジャック・シャルル
1746～1823年　[フランス]

発明家、物理学者。気体を温めるとふくらむことを説明したシャルルの法則を発見。気体の体積が圧力に反比例することを説明したボイル（1627～1691年）の法則と合わせて「ボイル・シャルルの法則」とよばれる。また、1783年には水素気球による世界初の有人飛行に成功した。

シャルル自身が搭乗して飛行した。

オットー・リリエンタール
1848～1896年　[ドイツ]

技師、発明家。鳥の翼を研究してグライダーを設計。みずからグライダーによる滑空実験を行い、世界ではじめて翼の力による飛行に成功した。実験は2000回以上行われ、最長で200m以上飛行した。この実験データがのちの固定翼機の発展へとつながっていった。飛行実験中に命を落とす。

揚力を増すために主翼を2枚重ねた。

フェルディナント・フォン・ツェッペリン
1838～1917年　[ドイツ]

ドイツ陸軍軍人、硬式飛行船の発明者。1900年には硬式飛行船第1号となるLZ1が有人飛行に成功した。その後、硬式飛行船は旅客や貨物の輸送、軍用など実用的な使われかたをしたが、1937年の火災事故ですたれ、現在は骨組みが少なく軽量な半硬式飛行船（→60）にかわっている。

LZ1。初飛行では乗員5名を乗せて17分間飛行した。

ウィルバー　オービル

ライト兄弟
ウィルバー 1867～1912年　オービル 1871～1948年　[アメリカ]

自転車店を営みながら、リリエンタールなどの研究結果を参考に、グライダーによる滑空実験をくり返す。その中で、主翼をねじ曲げて機体をあやつる技術を発明した。エンジンやプロペラなども自分たちで製作し、ライトフライヤー号を完成させ、1903年、動力つき飛行機の有人飛行に成功する。

ライトフライヤー3号。はじめて30分以上飛ぶことに成功した機体。